U0252065

《环境经济核算丛书》编委会

“十一五”国家重点图书出版规划
环 境 经 济 核 算 丛 书

中国环境经济核算研究报告 2009—2010

Chinese Environmental and Economic Accounting Report 2009–2010

於 方 杨威杉 马国霞 等 著

中国环境出版集团 • 北京

图书在版编目（CIP）数据

中国环境经济核算研究报告 2009—2010/於方等著.
—北京：中国环境出版集团，2018.12
（环境经济核算丛书）
ISBN 978-7-5111-0561-5

Ⅰ. ①中… Ⅱ. ①於… Ⅲ. ①环境经济—经济核算—研究报告—中国—2009—2010 Ⅳ. ①X196

中国版本图书馆 CIP 数据核字（2018）第 297361 号

出 版 人 武德凯
策　　划 陈金华
责任编辑 陈金华　宾银平
责任校对 任　丽
封面设计 彭　杉

出版发行 中国环境出版集团
（100062　北京市东城区广渠门内大街 16 号）
网　　址：http://www.cesp.com.cn
电子邮箱：bjgl@cesp.com.cn
联系电话：010-67112765（编辑管理部）
发行热线：010-67125803，010-67113405（传真）
印　　刷 北京中科印刷有限公司
经　　销 各地新华书店
版　　次 2018 年 12 月第 1 版
印　　次 2018 年 12 月第 1 次印刷
开　　本 787×960　1/16
印　　张 12.5
字　　数 200 千字
定　　价 50.00 元

以科学和宽容的态度对待“绿色GDP”核算

（代总序）

自1978年中国改革开放35年来，中国的GDP以平均每年9.8%的高速度增长，中国创造了现代世界经济发展的奇迹。但是，西方近200年工业化产生的环境问题也在中国近20年期间集中爆发了出来，环境污染正在损耗中国经济社会赖以发展的环境资源家底，社会经济的可持续发展面临着前所未有的压力。严峻的生态环境形势给我们敲响了警钟：模仿西方工业化的模式，靠拼资源、牺牲环境发展经济的老路是走不通的。在这种形势下，中国政府高屋建瓴、审时度势，提出了坚持以人为本、全面、协调、可持续的科学发展观，以科学发展观统领社会经济发展，走可持续发展道路。

（一）

实施科学发展亟待解决的一个关键问题是，如何从科学发展观的角度，对人类社会经济发展的历史轨迹、经济增长的本质及其质量做出科学的评价？国内生产总值（GDP）作为国民经济核算体系（SNA）中最重要的总量指标，被世界各国普遍采用以衡量国家或地区经济发展总体水平，然而传统的国民经济核算体系，特别是作为主要指标的GDP已经不能如实、全面地反映人类社会经济活动对自然资源的消耗和生态环境的恶化状况，这样必然会导致经济发展陷入高耗能、高污染、高浪费的粗放型发展误区，从而对人类社会的可持续发展产生负面影响。为此，20世纪70年代以来，一些国外学者开始研究修改传统的国民经济核算体系，提出了绿色GDP核算、绿色国民经济核算、综合环境经济核算。一些国家和政府组织逐步开展了绿色GDP账户体系的研究和试算工作，并取得了一定的进展。在这期间，中国学者也做了一些开拓性的基础性研究。

中国在政府层面上开展绿色GDP核算有其强烈的政治需求。这也是中国独特的社会政治制度、干部考核制度和经济发展模式所决定的。时任总书记胡锦涛在 2004 年中央人口资源环境工作座谈会上就指出:“要研究绿色国民经济核算方法，探索将发展过程中的资源消耗、环境损失和环境效益纳入经济发展水平的评价体系，建立和维护人与自然相对平衡的关系”。2005 年，国务院《关于落实科学发展观加强环境保护的决定》中也强调指出:“要加快推进绿色国民经济核算体系的研究，建立科学评价发展与环境保护成果的机制，完善经济发展评价体系，将环境保护纳入地方政府和领导干部考核的重要内容”。2007 年，胡锦涛总书记在党的十七大报告中指出，我国社会经济发展中面临的突出问题就是“经济增长的资源环境代价过大”。2012 年，胡锦涛总书记在党的十八大报告中又指出，要“把资源消耗、环境损害、生态效益纳入经济社会发展评价体系，建立体现生态文明要求的目标体系、考核办法、奖惩机制”。所有这些都说明了开展和继续探索绿色 GDP 核算的现实需求，要求有关部门和研究机构从区域和行业出发，从定量货币化的角度去核算发展的资源环境代价，告诉政府和老百姓“过大”的资源环境代价究竟有多大。

在这样一个历史背景下，原国家环保总局和国家统计局于 2004 年联合开展了“综合环境与经济核算（绿色 GDP）研究”项目，由环境保护部环境规划院、中国人民大学、环境保护部环境与经济政策研究中心、中国环境监测总站等单位组成的研究队伍承担了这一研究项目。2004 年 6 月 24 日，原国家环保总局和国家统计局在杭州联合召开了“建立中国绿色国民经济核算体系”国际研讨会，国内外近 200 位官员和专家参加了研讨会，这是中国绿色 GDP 核算研究的一个重要里程碑。2005 年，原国家环保总局和国家统计局启动并开展了 10 个省市区的绿色 GDP 核算研究试点和环境污染损失的调查。此后，绿色 GDP 成了当时中国媒体一个脍炙人口的新词和热点议题。如果你用谷歌和百度引擎搜索“Green GDP”和“绿色 GDP”，就可以迅速分别找到 106 万篇和 207 万篇相关网页。这些数字足以证明社会各界对绿色 GDP 的关注和期望。

（二）

2006 年 9 月 7 日，原国家环保总局和国家统计局两个部门首次发布了中国第一份《中国绿色国民经济核算研究报告 2004》，这也是国际上第一个由政府部门发布的绿色 GDP 核算报告，标志着中国的绿色国民经济核算研究取得了阶段性和突破性的成果。2006 年 9 月 19 日，全国人大环境与资源保护委员会还专门听取了项目组关于绿色 GDP 核算成果的汇报。目前，以环境保护部环境规划院为代表的技术组已经完成了 2004—2010 年共 7 年的全国环境经济核算研究报告。在这期间，世界银行援助中国开展了“建立中国绿色国民经济核算体系”项目，加拿大和挪威等国家相继与国家统计局开展了中国资源环境经济核算合作项目。中国的许多学者、研究机构、高等学校也开展了相应的研究，新闻媒体也对绿色 GDP 倍加关注，出现了大量有关绿色 GDP 的研究论文和评论，成为近几年的一个社会焦点和环境经济热点，但也有一些媒体对绿色 GDP 核算给予了过度的炒作和过高的期望。总体来看，在有关政府部门和研究机构的共同努力下，中国绿色国民经济核算研究取得了可喜的成果，同时，这项开创性的研究实践也得到了国际社会的高度评价。在第一份《中国绿色国民经济核算研究报告 2004》发布之际，国外主要报刊都对中国绿色 GDP 核算报告发布进行了报道。国际社会普遍认为，中国开展绿色 GDP 核算试点是最大发展中国家在这个领域进行的有益尝试，也表现了中国敢于承担环境责任的大国形象，敢于面对问题、解决问题的勇气和决心。

2004 年度中国绿色 GDP 核算研究报告的成功发布激起了国内外对中国绿色 GDP 项目的热烈喝彩，但后续 2005 年度研究报告的发布“流产”也受到了一些官员和专家的质疑。一些官员对绿色 GDP 避而不谈甚至“谈绿色变”，认为绿色 GDP 的说法很不科学，也没有国际标准和通用的方法。特别是 2007 年年初环境保护部门与统计部门的纷争似乎表明，中国绿色 GDP 核算项目已经“寿终正寝”。但是，现实的情况是绿色 GDP 核算研究没有“夭折”，国家统计局正在尝试建立中国资源环境核算体系，在短期，可以填补绿色核算的缺位，在长期，则可以为未来实施绿色核算奠定基础。

从概念的角度来看，绿色 GDP 的确是媒体、社会的一种简化称呼。绿色 GDP 核算不等于绿色国民经济核算。绿色国民经济核算提供的政策信息要远多于绿色 GDP 核算本身包含的信息。科学的、专业的说法应该称作“绿色国民经济核算”或者国际上所称的“综合环境与经济核算”。但我们对公众没有必要去苛求这种概念的差异，公众喜欢叫“绿色 GDP”没有什么不好。这就像老百姓一般都习惯叫“GDP”一样，而没有必要让老百姓去理解“国民经济核算体系”。在国际层面，联合国统计署（UNSD）于 1989 年、1993 年、2000 年、2003 年分别发布了《综合环境与经济核算体系》（以下简称 SEEA）4 个版本。2011年，联合国统计署发布了最新的 SEEA（讨论稿），为建立绿色国民经济核算总量、自然资源和污染账户提供了基本框架；欧洲议会于 2011年 6 月初通过了“超越 GDP”决议和《欧盟环境经济核算法规》，这标志着环境经济核算体系将成为未来欧盟成员国统一使用的统计与核算标准。这些指南专门讨论了绿色 GDP 的问题。因此，“环境经济核算丛书”（以下简称“丛书”）也没有严格区分绿色 GDP 核算、绿色国民经济核算、资源环境经济核算的概念差异。

绿色 GDP 的定义不是唯一的。根据我们的理解，“丛书”所指的绿色 GDP 核算或绿色国民经济核算是一种在现有国民核算体系基础上，扣除资源消耗和环境成本后的 GDP 核算这样一种新的核算体系，是一个逐步发展的框架。绿色 GDP 可以一定程度上反映一个国家或者是地区的真实经济福利水平，也能比较全面地反映经济活动的资源和环境代价。我们的绿色 GDP 核算项目提出的中国绿色国民经济核算框架，包括资源经济核算、环境经济核算两大部分。资源经济核算包括矿物资源、水资源、森林资源、耕地资源、草地资源，等等。环境经济核算主要是环境污染和生态破坏成本核算。这两个部分在传统的 GDP 里扣除之后，就得到我们所称的绿色 GDP。很显然，我们目前所做的核算仅仅是环境污染经济核算，而且是一个非常狭义的、附加很多条件的绿色 GDP 核算。我们从 2008 年开始探索生态破坏损失的核算，从 2010 年开始探索经济系统的物质流核算。即使这样，绿色 GDP 在反映经济活动的资源和环境代价方面，仍然发挥着重要作用。很显然，这种狭义的绿色 GDP 是 GDP 的补充，是依附于现实中的 GDP 指标的。因此，如果有一天，全国都实现了绿色经济和可持续发展，地方政府政绩考核也不再使用 GDP，那么即使是这种非常狭义的绿色 GDP 也都将会失去其现实意义。那时，绿色 GDP 将真正地“寿终正寝”，离开我们的 GDP 而去。

（三）

从科学的意义上来讲，我们目前开展的绿色 GDP 核算研究最后得到的仅仅是一个“经环境污染和部分生态破坏调整后的 GDP”，是一个不全面的、有诸多限制条件的绿色 GDP，是一个仅考虑部分环境污染和生态破坏扣减的绿色 GDP，与完整的绿色 GDP 还有相当的距离。严格意义上，现有的绿色 GDP 核算只是提出了两个主要指标：①经虚拟治理成本扣减的GDP，或者称GDP的污染扣减指数；②环境污染损失占GDP的比例。而且，我们第一步核算出来的环境污染损失还不完整，还未包括全部的生态破坏损失、地下水污染损失、土壤污染损失等内容。完全意义上的绿色GDP是一项全新的、涉及多部门的工作，既包括资源核算，又包括环境核算，只能由国家统计局组织有关资源和环保部门经过长期的努力才能得到，是一个理想的、长期的核算目标。因此，我们要用一种宽容的、发展的眼光去看待绿色GDP核算，也希望大家以宽容的态度对待我们的“绿色GDP”概念。

由于环境统计数据的可得性、时间的限制、剂量反应关系的缺乏等原因，目前发布的狭义绿色GDP核算和环境污染经济核算还没有包括多项损失核算，如土壤和地下水污染损失、噪声和辐射等物理污染损失、污染造成的休闲娱乐损失、室内空气污染对人体健康造成的损失、臭氧对人体健康的影响损失、大气污染造成的林业损失、水污染对人体健康造成的损失技术方法有缺陷，基础数据也不支持等。这些缺项需要在下一步的研究工作中继续完善。这也是一种我们应该遵循的不断探索研究和不断进步完善的科学态度。但是，即使有这么多的损失缺项核算，已有的非常狭窄的绿色GDP核算结果也展示给我们一个发人深省的环境代价图景。2004年狭义的环境污染损失已经达到5118亿元，占到全国GDP的3.05%。尽管2004—2010年环境污染损失占GDP的比例大体在3%，但环境污染经济损失绝对量依然在逐年上升，表明全国环境污染恶化的趋势没有得到根本控制。

作为新的核算体系来说，中国的绿色GDP核算体系建立才刚刚开始。除环境污染核算、森林资源核算和水资源核算取得一定成果外，其他部门核算研究还相对滞后，环境核算中的生态破坏核算也刚刚起步。但需要强调的是，这只是一个探索性的研究项目。既然是研究项目，本身就决定它是探索性的，没有必要非得等到国际上设立一个明确的标准，我们再来开展完整的绿色GDP核算。如果有了国际标准，我们就不需要研究了，而是实施操作的问题了。绿色GDP核算的启动实施，虽面临着许多技术、观念和制度方面的障碍，但没有这样的核算指标，我们就无法全面衡量我们的真实发展水平，我们就无法用科学的基础数据来支撑可持续发展的战略决策，我们就无法实现对整个社会的综合统筹与协调发展。因此，无论有多少困难和阻力，我们都应当继续研究探索，逐步建立起符合中国国情的绿色GDP核算体系。党的十八大报告明确指出，要把资源消耗、环境损害、生态效益纳入经济社会发展评价体系，这是推动绿色 GDP 核算的最新动力。

（四）

《中国绿色国民经济核算研究报告 2004》是迄今为止唯一一份以政府部门名义公开发布的绿色 GDP 核算研究报告。考虑到目前开展的核算研究与完整的绿色 GDP 核算还有相当的差距，为了科学客观和正确引导起见，从 2005 年开始我们把报告名称调整为《中国环境经济核算研究报告》。到目前为止，我们陆续出版了 2005—2010 年的《中国环境经济核算研究报告》。这一点也证明了，尽管在制度层面上建立绿色 GDP 核算是一个非常艰巨的任务，但从技术层面来看，狭义的绿色 GDP 是可以核算的，至少从研究层面看是可以计算的。之所以至今才公布最新的研究报告，很大原因在于环境保护部门和统计部门在发布内容、发布方式乃至话语权方面都存在着较大分歧，同时也遇到一些地方的阻力。目前开展的绿色 GDP 核算中有两个重要概念，一个是“虚拟治理成本”；另一个是“环境污染损失”。这两个概念与 SEEA 关于绿色 GDP 的核算思路是一致的。虚拟治理成本是指假设把排放到环境中的污染“全部”进行治理所需的成本，这些成本可以用产品市场价格给予货币化，可以作为中间消耗从 GDP 中扣减，因此我们称虚拟治理成本占 GDP 的百分点为 GDP 的污染扣减指数。这是统计部门和环保部门都能够接受的一个概念。而环境污染损失是指排放到环境中的所有污染造成环境质量下降所带来的人体健康、经济活动和生态质量等方面的损失，然后通过环境价值特定核算方法得到的货币化损失值，通常要比虚拟治理成本高。由于对环境损失核算方法的认识存在分歧，我们就没有在 GDP 中扣减污染损失，我们叫它为污染损失占 GDP 的比例。这是一种相对比较科学的、认真的做法，也是一种技术方法上的权衡。

中国绿色 GDP 核算研究报告发布的历程证明，在中国真正全面落实科学发展观并非易事。这样一个政府部门指导下的绿色 GDP 核算研究报告的发布都遇到了来自地方政府的阻力。2006 年第一次发布的绿色 GDP 核算研究报告中，并没有提供全国 31 个分省核算数据，而只是概括性地列出了东、中、西部的核算情况。这种做法对引导地方充分认识经济发展的资源环境代价起不到什么作用。但是，我们的绿色 GDP 核算是一种自下而上的核算，有各地区和各行业的核算结果。地方对公布全国 31 个省市区的研究核算结果比较敏感。2006 年年底，参加绿色 GDP 核算试点的 10 个省市的核算试点工作全部通过了两个部门的验收，但只有两个省市公布了绿色 GDP 核算的研究成果，个别试点省市还曾向原国家环保总局和国家统计局正式发函，要求不要公布分省的核算结果。地方政府的这种态度变化以及部门的意见分歧使得绿色 GDP 核算研究报告的发布最终陷入了僵局。目前，许多地方仍然唯 GDP 至上，在这种观念支配下，要在政府层面上继续开展绿色 GDP 核算，甚至建立绿色 GDP 考核指标体系，其阻力之大是可想而知的。

（五）

中国有自己的国情，现在开展的绿色 GDP 核算研究则恰恰是符合中国目前的国情的。尽管目前的绿色 GDP 核算研究，无论是在核算框架、技术方法还是核算数据支持和制度安排方面，都存在这样和那样的众多问题，但是要特别强调的是这是新生事物，因此请大家要以包容的、宽容的、科学的态度去对待绿色 GDP 核算研究。尽管我们受到了一些压力，但我们依然在继续探索绿色 GDP 的核算，到目前为止也没有停止过研究。更让我们欣慰的是，这项研究得到了全社会关注的同时，也得到了社会的认可和肯定。绿色 GDP 核算研究小组获得了 2006 年绿色中国年度人物特别奖，"中国绿色国民经济核算体系研究"项目成果也获得了 2008 年度国家环境科学技术二等奖。根据 2010 年可持续研究地球奖申报、提名和评审结果，可持续研究地球奖评审团授予中国环境规划院 2010 年全球可持续研究奖第二名，以表彰中国环境规划院在环境经济核算方面做出的杰出成就和贡献。近几年，一些省市（如四川、湖南、深圳等）也继续开展了绿色 GDP 和环境经济核算研究。特别是随着生态文明和美丽中国建设的提出，社会层面上许多官员和学者又继续呼唤建立绿色 GDP 核算体系。

开展绿色国民经济核算研究工作是一项得民心、顺民意、合潮流的系统工程。我们不能认为国际上没有核算标准，就裹足不前了。我们不能认为绿色 GDP 核算会影响地方政府的形象，就不公开绿色 GDP 核算的报告。我们应该鼓励大胆探索研究，让中国在建立绿色国民经济核算"国际标准"方面做出贡献。2007 年 7 月，中国青年报社会调查中心与腾讯网新闻中心联合实施的一项公众调查表明：96.4%的公众仍坚持认为"我国有必要进行绿色 GDP 核算"，85.2%的人表示自己所在地"牺牲环境换取 GDP 增长"的现象普遍，79.6%的人认为"绿色 GDP 核算有助于扭转地方政府‘唯 GDP’的政绩观”。调查对于“国际上还没有政府公布绿色 GDP 核算数据的先例，中国也不宜公布”和“绿色 GDP 核算理论和方法都尚不成熟，不宜对外发布”的说法，分别仅有 4.4%和 6.7%的人表示认同。2008 年《小康》杂志开展的一项调查表明，90%的公众认为为了制约地方政府用环境换取 GDP 的冲动，应该公开发布绿色 GDP 核算报告。

但是，无论从绿色 GDP 核算制度和体系角度来看，还是从核算方法和基础角度来看，近期把绿色 GDP 指标作为地方政府政绩考核指标都是不可能的，而且以政府平台发布核算报告也具有一定的局限性。如果把绿色 GDP 核算交给地方政府部门核算，与一些地方的虚假 GDP 核算一样，也会出现虚假的绿色 GDP 核算。因此，建议下一步的绿色 GDP 核算或环境经济核算研究报告以研究单位的研究报告方式出版发行，这也能起到一定的补充作用，也是一种比较稳妥、严谨客观、相对科学的做法。这样既可以排除地方政府部门的干扰，保证研究核算结果的公平公正，也能在一定程度上减轻地方政府部门的压力。经过一定时间的研究探索和全面的试点完善，再把绿色 GDP 核算纳入地方政府的官员政绩考核体系中。大家知道，现有的国民经济核算体系也是经过 20 多年摸索才建立起来的，GDP 核算结果也经常受到质疑，仍处于不断的继续完善之中。同样，绿色 GDP 核算体系的建立也需要一个很长的时间，或许是 20 年、30 年甚至更长的时间。总之，我们都要以科学的、宽容的态度去对待绿色 GDP 核算研究。

（六）

开展绿色 GDP 核算的意义和作用是一个具有争议性的话题。不管如何，绿色 GDP 核算报告发布造成这么大的震动，成为当年地方政府如此敏感的话题，本身就证明绿色 GDP 核算是有用的。绿色 GDP 核算触及了一些地方官员的痛处，让他们有所顾忌他们的发展模式，这样我们的目的实际上就达到了一半。有触痛说明绿色 GDP 核算研究就还有点用。绿色 GDP 意味着观念的深刻转变，意味着科学发展观的一种衡量尺度。一旦能够真正实施绿色 GDP 考核，人们心中的发展内涵与衡量标准就要随之改变，同时由于扣除环境损失成本，也会使一些地区的经济增长“业绩”大大下降。我们认为，通过发布这样的年度绿色 GDP 核算报告，必定会激励各级领导干部在发展经济的同时顾及环境问题、生态问题和资源问题。无论他们是主动顾忌，还是被动顾忌，只要有所顾忌就好。而且，我们相信随着研究工作的持续开展，他们的观念会从被动顾忌转向主动顾忌，从主动顾忌到主动选择，从而最终促进资源节约和环境友好型社会的发展。

全国以及10个省市的核算试点表明，开展绿色GDP核算和环境经济核算对于落实科学发展观、促进环境与经济的科学决策具有重要的意义，具体表现在：一是通过核算引导树立科学发展观。通过绿色GDP核算，促使地方政府充分认识经济增长的巨大环境代价，引导地方政府部门从追求短期利益向追求社会经济长远利益发展。根据环境保护部环境规划院2007年对全国近100个市长的调查，有95.6%的官员认为建立绿色GDP核算体系能够促进地方政府落实科学发展观，有67.6%的官员认为绿色GDP可以作为地方政府的绩效考核指标。二是通过核算展示污染经济全景，了解经济增长的资源环境代价。通过实物量核算展示环境污染全景图，让政府找出环境污染的“主要制造者”和污染排放的“重灾区”，对未来环境污染治理重点、污染物总量控制和重点污染源监测体系建设给予确认；通过环境污染价值量核算衡量各行业和地区的虚拟治理成本，明确各部门和地区的环境污染治理缺口和环保投资需求。三是为制定环境政策提供依据。通过各部门和地区的虚拟治理成本核算得到不同污染物的治理费用，通过各地区的污染损失核算揭示经济发展造成的环境污染代价，对于开展环境污染费用效益分析、建立环境与经济综合决策支持系统具有积极的现实意义。核算的衍生成果可以为环境税收、生态补偿、区域发展定位、产业结构调整、产业污染控制政策制定以及公众环境权益的维护等提供科学依据。

正因为如此，绿色GDP的研究核算工作才更有坚持的必要。任何重大改革创新，倘若遇有这样那样执行的困难，就放弃正确的大方向而改弦更张，甚至削足适履，那么，整个经济社会发展非但不能进步，相反还会因循守旧而倒退。因此，我们不能以一种功利的态度对待绿色GDP核算，不能对绿色GDP核算的应用操之过急，更不能简单地认为绿色GDP考核就等同于体现科学发展观的政绩考核制度。为了更加科学起见，从2007年开始，环境经济核算课题组扩展了核算内容，把森林、草地、湿地和矿产开发等生态破坏损失的核算纳入环境经济核算体系，把环境主题下的狭义绿色GDP核算称为环境经济核算。2010年，我们又探索社会经济系统的物质流核算，以测定直接物质投入的产出率。今年开始陆续出版年度《中国环境经济核算研究报告》。同时，国家发改委与环境保护部、国家林业局等部门，从 2009 年开始着手建立中国资源环境统计指标体系。我们也开始探索环境绩效管理和评估制度，运用多种手段来评价国家和地方的社会经济与环境发展的可持续性。

（七）

绿色 GDP 核算是一项繁杂的系统工程，涉及国土资源、水利、林业、环境、海洋、农业、卫生、建设、统计等多个部门，部门之间的协调合作机制亟待建立。多个部门共同开展工作，合作得好，可以发挥各部门的优势；合作不好，难免相互掣肘，工作就难以开展，甚至阻碍这项工作的开展。环境核算需要环保部门与统计部门的合作，森林资源核算需要林业部门与统计部门的合作，矿产资源核算则需国土资源部门与统计部门合作。

绿色 GDP 是具有探索性和创新性的难事，需要统计部门对资源环境核算体系框架的把关，建立相应的核算制度和统计体系。因此，在推进中国的绿色 GDP 核算以及资源环境经济核算领域，统计部门是责无旁贷的“总设计师”。统计部门应在资源、环境部门的支持下，在现有 GDP 核算的基础上设立卫星账户，勇敢地在传统 GDP 上做“减法”，核算出传统发展模式和经济增长的资源环境代价，用资源环境核算去展示和衡量科学发展观的落实度。我们欣喜地看到，尽管国家统计部门对绿色 GDP 核算有不同的看法，但没有放弃建立资源环境核算体系的目标，一直致力于建立中国的资源环境经济核算体系。特别是最近几年，国家统计局与国家林业局、水利部、国土资源部联合开展了森林资源核算、水资源核算、矿产资源核算等项目，取得了一些资源部门核算的阶段性成果。目前，水利部门和林业部门已经分别完成了水资源和森林资源核算研究，取得了很好的核算成果。

中国资源环境核算体系制定工作也在进展之中。正如现任国家统计局局长马建堂在一次“中国资源环境核算体系”专家咨询会议上指出的那样，国家统计局高度重视资源环境核算工作，认为建立资源环境核算是国家从以经济建设为中心转向科学发展的必然选择，统计部门要把资源环境核算作为统计部门学习实践科学发展观的切入点，把资源环境核算作为统计部门落实科学发展观的重要举措，把资源环境核算作为统计部门实践科学发展观的重要标尺，尽快出台中国资源环境核算体系和资源环境评价指标体系，逐步规范资源环境核算工作，把资源环境核算最终纳入地方党政领导科学发展的考核体系中。国家统计局马建堂局长还指出，建立资源环境核算体系是一项非常困难和艰巨的工作，是一项前无古人之事，是一项具有挑战性的工作，不能因为困难而不往前推，不能因为困难而不抓紧做，要边干边发现边试算，要试中搞、干中学。国家统计局根据“通行、开放”的原则，将中国资源环境核算体系与联合国的 SEEA 接轨，与政府部门的需求和国家科学发展观的需求接轨。建议国家统计局不仅组织牵头开展这项工作，必要时在统计部门的机构设置方面做出调整，以适应全面落实科学发展观和建立资源环境核算体系的需要。

（八）

绿色 GDP 核算研究是一项复杂的系统政策工程。在取得目前已有成果的过程中，许多官员和专家做出了积极的贡献。通常的做法是，出版这样一套“丛书”要邀请那些对该项研究做出贡献的官员和专家组成一个丛书指导委员会和顾问委员会。限于观点分歧、责任分担、操作程序等原因，我们不得不放弃这样一种传统的做法。但是，我们依然十分感谢这些官员和专家的贡献。在这些官员中，前国家统计局李德水局长、马建堂局长、宁吉喆局长、许宪春副局长、彭志龙司长对推动绿色 GDP 核算研究做出了积极的贡献。原环境保护部潘岳副部长是绿色 GDP 的倡议者，对传播绿色 GDP 理念和推动核算研究做出了独特的贡献。毫无疑问，没有这些政府部门的领导、指导和支持，中国的绿色 GDP 核算研究就不可能取得目前的进展。正是由于国家统计局的不懈努力，中国的资源环境核算研究才得以继续前进。在此，我们要特别感谢生态环境部翟青副部长、赵英民副部长、庄国泰副部长、徐必久司长、别涛司长、邹首民司长、刘炳江司长、刘志全司长、尤艳馨巡视员、宋小智巡视员、夏光巡视员、李春红副巡视员、房志处长、贾金虎处长、赖晓东处长、陈默调研员、刘春艳调研员，原国家环保总局王玉庆副局长、张坤民副局长，原环境保护部周建副部长、万本太总工程师、杨朝飞总工程师、朱建平司长、刘启风巡视员、赵建中副巡视员，原环境保护部环境规划院洪亚雄院长、吴舜泽副院长，中国环境监测总站原站长魏山峰、环境保护部外经办王新处长和谢永明高工等做出的贡献。我们要特别感谢国家统计局对绿色国民经济核算研究的有力支持，感谢文兼武司长、王益煊副司长、李锁强副总队长等对绿色国民经济核算项目的指导和支持。我们要特别感谢国家发改委、全国人大环境与资源委员会科技部、原国土资源部、原国家林业局、国家水利部等部门对绿色 GDP 核算项目的支持、关注和技术咨询。

我要特别感谢绿色 GDP 核算的研究小组，其中包括来自 10 个试点省市的研究人员。我们庆幸有这样一支跨部门、跨专业、跨思想的研究队伍，在前后近 4 年的时间开展了真实而富有效率的调查和研究。尽管我们有时也为核算技术问题争论得面红耳赤，但我们大家一起克服种种困难和压力，圆满完成了绿色 GDP 核算研究任务。我们要特别感谢参加绿色 GDP 核算试点研究的北京、天津、重庆、广东、浙江、安徽、四川、海南、辽宁、河北 10 个省市以及湖北省神农架林区的环保和统计部门的所有参加人员。他们与我们一样经历过欣喜、压力、辛酸和无奈。他们是中国开展绿色 GDP 核算研究的第一批勇敢的实践者和贡献者。尽管在此不能一一列出他们的名字，但正是他们出色的试点工作和创新贡献才使得中国的绿色 GDP 核算取得了这样丰富多彩的成果，为全国的绿色 GDP 核算提供了坚实的基础和技术方法的验证。

在绿色 GDP 核算研究项目过程中，始终有一批专家学者对绿色 GDP 核算研究给予了高度的关注和支持，他们积极参与了核算体系框架、核算技术方法、核算研究报告等咨询、论证和指导工作，对我们的核算研究工作也给予了极大的鼓励。有些专家对绿色 GDP 核算提出了不同的、有益的、反对的意见，但正是这些不同意见使得我们更加认真谨慎和保持头脑清醒，更加客观科学地去看待绿色 GDP 核算问题。毫无疑问，这些专家对绿色 GDP 核算的贡献不亚于那些完全支持绿色 GDP 核算的专家所给予的贡献。这两方面的专家主要有中国科学院牛文元教授、李文华院士和冯宗炜院士，中国环境科学研究院刘鸿亮院士和王文兴院士，原环境保护部金鉴明院士，中国环境监测总站魏复盛院士和景立新研究员，中国林业科学研究院王涛院士，中国社会科学院郑易生教授、齐建国研究员和潘家华教授，国务院发展研究中心周宏春研究员和林家彬研究员，中国海洋石油总公司邱晓华研究员，中国人民大学刘伟校长和马中，北京大学萧灼基教授、叶文虎教授、潘小川教授和张世秋教授，清华大学魏杰教授、齐晔教授和张天柱教授，国家宏观经济研究院曾澜研究员、张庆杰研究员和解三明研究员，中日友好环境保护中心任勇主任，能源基金会（美国）北京办事处邹骥总裁，中国农业科学院姜文来研究员，中国科学院王毅研究员和石敏俊研究员，北京林业大学张颖教授，中国环境科学研究院孙启宏研究员，中国林业科学研究院江泽慧教授、卢崎研究员和李智勇研究员，卫生部疾病预防控制中心白雪涛研究员，国家信息中心杜平研究员，国家林草局戴广翠巡视员，中国水利水电科学研究院甘泓研究员和陈韶君研究员，中华经济研究院萧代基教授，同济大学褚大建教授和蒋大和教授，北京师范大学杨志峰院士和毛显强教授。在此，我们要特别感谢这些专家的智慧点拨、专业指导以及中肯的意见。

中国绿色 GDP 核算研究得到了国际社会的高度关注。世界银行、联合国统计署、联合国环境署、联合国亚太经社会、经济合作与发展组织、欧洲环境局、亚洲开发银行、美国未来资源研究所、世界资源研究所等都积极支持中国绿色 GDP 核算的工作，核算技术组与加拿大、德国、挪威、日本、韩国、菲律宾、印度、巴西等国家的统计部门和环境部门开展了很好的交流与合作。

中国环境科学出版社的陈金华女士对本“丛书”的出版付出了很大的心血，精心组织“丛书”选题和编辑工作。同时，“丛书”的出版得到了环境保护部环境规划院承担的国家“十五”科技攻关《中国绿色国民经济核算体系框架研究》课题、世界银行“建立中国绿色国民经济核算体系”项目以及财政部预算“中国环境经济核算与环境污染损失调查”等项目的资助。在此，对生态环境部环境规划院和中国环境科学出版社的支持表示感谢。最后，对“丛书”中引用参考文献的所有作者表示感谢。

（九）

中国绿色 GDP 核算的研究和试点在规模和深度上是前所没有的。虽然许多国家在绿色核算领域已经做了不少工作，但是由于绿色核算在理论和技术上仍有不少问题没有解决，至今没有一个国家和地区建立了完整的绿色国民经济核算体系，只是个别国家和地区开展了案例性、局部性、阶段性的研究。本套“丛书”是中国绿色 GDP 核算项目理论方法和试点实践的总结，无论是在绿色核算的技术方法上，还是指导绿色核算的实际操作上在国内都填补了空白，在国际层面上也具有一定的参考价值。

然而，我们必须清醒地认识到，绿色国民经济核算体系是一个十分复杂而崭新的系统工程，目前我们取得的成绩仅是绿色核算“万里长征”的第一步，在理论上、方法上和制度上还存在许多不足和难点需要我们去不断攻克。我们必须充分认识建立绿色国民经济核算体系的难度，科学严谨、脚踏实地、坚持不懈地去研究建立环境经济核算的核算体系和制度，最终为全面落实和贯彻科学发展观提供环境经济评价工具，为建立世界的绿色国民经济核算体系做出中国的贡献。

为了使得本套“丛书”更加科学、客观、独立地反映绿色 GDP 核算研究成果，“丛书”编辑时没有要求每册的选题目标、概念术语、技术方法保持完全的一致性，而是允许“丛书”各册具有相对独立性和相对可读性。近几年来，我们把环境经济核算的最新研究成果陆续加入“丛书”中，让更多的人了解并加入探索中国环境经济核算的队伍中。由于时间限制和水平有限，“丛书”难免有各种错误或不当之处，我们欢迎读者与我们联系（邮箱 wangjn@caep.org.cn），提出批评、给予指正。我们期望与大家一起以一种科学和宽容的态度去对待绿色 GDP 核算，与大家一起继续探索中国的绿色 GDP 核算体系。我们也相信，随着生态文明和美丽中国建设的推进，绿色 GDP 核算正在成为一个科学发展观的有效评价体系。

王金南

首记于 2009 年 2 月 1 日再记于 2019 年 2 月 1 日

前言

2010 年我国创造了世界 GDP 的 8%，却消耗了世界 18%的能源、44%的钢铁、53%的水泥。2012 年国务院《政府工作报告》明确提出调低 GDP 预期增长目标，引导各方面把工作着力点放到加快转变经济发展方式、切实提高经济发展质量和效益上来。中国共产党十八大报告也进一步提出加强生态文明制度建设，明确提出把资源消耗、环境损害、生态效益纳入经济社会发展评价体系。但现有国民核算体系没有反映经济增长的资源消耗和环境代价，过分夸大了经济增长的贡献。现行国民经济核算体系的局限性主要体现在 5 个方面：①不能反映经济增长的全部社会成本；②不能反映经济增长的方式以及增长方式的适宜程度和为此付出的代价；③不能反映经济增长的效率、效益和质量；④不能反映社会财富的总积累，以及社会福利的变化；⑤不能有效衡量社会分配和社会公正。为此，国际上从 20 世纪 70 年代开始研究建立绿色国民经济核算体系，它在传统的 GDP 核算体系中扣除自然资源耗减成本和环境退化成本，以期更加真实地衡量经济发展成果和国民经济福利。

为定量反映中国经济发展的资源环境代价，以环境保护部环境规划院为代表的技术组已经完成了 2004—2010 年共 7 年的中国环境经济核算研究报告，核算内容基本遵循联合国发布的 SEEA 体系。根据 SEEA，完整的绿色国民经济核算体系包括资源耗减成本核算和环境退化成本核算两部分。考虑到我国开展环境经济核算的现实，本书仅指环境退化成本的核算，包括环境污染损失核算和生态破坏损失核算两部分。环境污染损失核算包括环境污染实物量和价值量核算，价值量核算采用治理成本法和污染损失法分别得到环境污染虚拟治理成本和环境退化成本，生态破坏损失仅包括森林、湿地、草地和矿产开发造成的地下水破坏和地质塌陷等的生态破坏经济损失，耕地和海洋生态系统由于基础数据缺乏，没有核算在内。物质流核算根据国际上通用的物质流核算方法学框架，对全国经济系统输入输出物质流进行了测算。

2009 年和 2010 年核算结果显示，我国经济发展造成的环境污染代价持续增加。2009 年基于退化成本的环境污染代价为 9 701.1 亿元，生态环境退化成本共计 13 916.2 亿元，占 GDP 比重为 3.8%。2010 年基于退化成本的环境污染代价为 11 032.8 亿元，生态环境退化成本共计 15 389.5 亿元，占 GDP 比重为 3.5%。大气污染造成的人体健康损失是大气环境退化成本的重要组成部分，2009 年和 2010 年大气污染造成的城市居民健康损失占总大气环境退化成本的比例分别为 70.4%和 76%。污染型缺水是水污染环境退化成本的重要组成部分，2009 年和 2010 年污染型缺水占总水环境退化成本的比例分别为 58.3%和 55%。

我国生态环境退化成本空间分布不均，生态破坏损失主要分布在西部地区，环境退化成本主要分布在东部地区。2009 年，东部、中部、西部 3 个地区的生态环境损失占总生态环境损失的比重大约在 40.6%、26.2%和 33.2%。2010 年，东部、中部、西部 3 个地区的生态环境损失占总生态环境损失的比重分别为 42.3%、27.6%和 30.1%。总体上，我国西部地区的 GDP 生态环境退化指数远高于中部地区和东部地区。

资源利用方面，我国经济增长的物质投入持续上升，资源产出率较低。2000 年本地物质投入接近 60 亿 t，而 2007—2010 年 4 年的本地物质投入均超过了百亿吨。本地物质消耗也于 2010 年突破了百亿吨。这表明近十年来，我国在经济发展的同时，物质投入与消耗也大幅上升，经济增长仍高度依赖自然资源的投入。“十一五”期间，我国经济增长的资源产出率整体较低，大体浮动于 2 100 ~ 2 300 元/t 的水平上。我国各省份的本地物质投入和本地物质消耗总量在 2000—2010 年均呈增长趋势。2000 年本地物质投入总量超过 5 亿 t 的省份仅有 3 个，2010 年本地物质投入超过 5 亿 t 的省份则有 18 个。

截至 2010 年，我们已初步形成绿色国民经济年度核算报告制度，环境经济核算报告从区域比较、行业比较等多个角度和层面对环境污染实物量账户、环境质量账户、环境污染价值量账户、生态破坏损失价值量账户、GDP 扣减指数、物质流账户、碳排放账户、污染物减排账户的核算结果进行比较，开展经济增长与资源消耗、污染排放的协调性分析，为国家和地区中期产业结构调整、污染减排、风险防范政策的制定提供数据和技术支持。

本书共由 16 章组成，全书由於方、杨威杉讨论拟定结构框架，并由相关执笔者承担相应章节的编写。具体编写分工如下：於方负责第 6 章、第 8 章、第 13 章、第 16 章；杨威杉负责第 3 章、第 10 章、第 12 章；马国霞负责第 7 章、第 14 章和第 15 章；彭菲负责第 1 章、第 4 章和第 11 章；吴琼负责第 2 章和第 9 章；臧宏宽负责第 5 章。

目录

第一部分　中国环境经济核算研究报告 2009

第二部分　中国环境经济核算研究报告 2010

第一部分
中国环境经济核算研究报告 2009

新疆喀纳斯湖（陈金华　摄影）

第1章 引言

GDP 是考察宏观经济的重要指标，是对一国总体经济运行表现做出的概括性衡量。但现行的国民经济核算体系也有一定的局限性：①不能反映经济增长的全部社会成本；②不能反映经济增长的方式以及增长方式的适宜程度和为此付出的代价；③不能反映经济增长的效率、效益和质量；④不能反映社会财富的总积累，以及社会福利的变化；⑤不能有效衡量社会分配和社会公正。

为此，国际上从 20 世纪 70 年代开始研究建立绿色国民经济核算（以下简称绿色 GDP 核算）体系，它在传统的 GDP 核算体系中扣除自然资源耗减成本和环境退化成本，以期更加真实地衡量经济发展成果和国民经济福利。在挪威、美国、荷兰、德国开展自然资源核算、环境污染损失成本核算、环境污染实物量核算、环境保护投入产出核算工作的基础上，联合国统计署（UNSD）于 1989 年、1993 年、2003 年和 2013 年先后发布并修订了《综合环境与经济核算体系》（SEEA），为建立绿色国民经济核算总量、自然资源和污染账户提供了基本框架。欧洲议会于 2011 年 6 月初通过了“超越 GDP”决议以及一项作为重要解决手段的欧洲环境问题新法规——《欧盟环境经济核算法规》，这象征着欧盟在使用包括 GDP 在内的多元指标衡量问题方面又成功迈进了一步。欧洲议会环境委员会主席 Jo Leinen 认为：该法规是对福利指标体系的一个重大贡献，该法规的实施将体现一个社会在经济环境和社会等方面共同的进步。这项法规的颁布意味着欧盟可以在第一时间取得与国民核算体系相融的三项数据，即空气污染、物质流和环境税数据。大多数成员国已经自愿开始收集此类信息，新的立法还将统一国家级报告，以便在整个欧洲引进可比的“绿色核算”。

截至本报告发布，以环境保护部环境规划院为代表的技术组已经完成了 2004—2009 年共 6 年的全国环境经济核算研究报告[①]，核算内容基本遵循联合国发布的 SEEA 体系，但不包括自然资源耗减成本的核算。6 年的核算结果表明，我国经济发展造成的环境污染代价持续增长，环境污染治理和生态破坏压力日益增大，5 年间的环境退化成本从 5 118.2 亿元提高到 9 701.1 亿元，增长了 89.5%，年均增长 17.9%；虚拟治理成本从 2 874.4 亿元提高到 5 470.8 亿元，增长了 90.3%，年均增长 18.1%。2009 年环境退化成本和生态破坏损失成本合计 13 916.2 亿元，较 2010 年增加 9.2%，约占当年 GDP 的 3.8%。

在财政部资助开展的《建立中国环境经济核算技术支撑与应用体系》项目中，提出要在原有环境经济核算体系的基础上，进一步开发物质流核算、环境会计核算、环境投入产出核算三大技术体系。经过 3 年的工作，物质流核算体系已基本建立，并完成了 2006—2009 年我国国家层面的物质流核算。4 年的物质流核算结果表明，2006—2009 年再生资源循环率与工业固体废物综合利用率出现大幅提高，反映了"十一五"时期我国推动循环经济发展的驱动作用和污染物减排的积极效果。但 2006—2009 年我国的直接物质投入和本地物质消耗仍保持较快增速，而且"十一五"期间资源生产率仍呈下降趋势，基本处于 320～350 美元/t，国际先进国家为 2 500～3 500 美元/t。

在环境经济核算账户中，为了充分保证核算结果的科学性，在核算方法上不够成熟以及基础数据不具备的环境污染损失和生态破坏损失项没有计算在内，目前的核算结果是不完整的环境污染和生态破坏损失代价。本研究报告中的环境污染损失核算，包括环境污染实物量和价值量核算，价值量核算采用治理成本法和污染损失法分别得到环境污染虚拟治理成本和环境退化成本，其中，环境退化成本存在核算范围不全面、核算结果偏低的问题。生态破坏损失仅包括森林、湿地、草地和矿产开发造成的地下水破坏和地质塌陷等的生态破坏经济损失，耕地和海洋生态系统由于基础数据缺乏，没有核算在内，已经核算出的损失也未涵盖所有应计算的生态服务功能损失。

①鉴于目前开展的核算与完整的绿色国民经济核算还有差距，从 2005 年起这项研究从最初的"绿色国民经济核算研究"更名为"环境经济核算研究"，研究报告名称也调整为《中国环境经济核算研究报告》。

专栏 1.1 2009 年环境经济核算内容

2009 年的环境经济核算在近期环境经济核算框架的基础上增加了碳排放核算、生态破坏损失核算、物质流核算等内容，共包括 5 个部分：①环境污染实物量核算。运用实物单位建立不同层次的实物量账户，描述与经济活动对应的各类污染物的产生量、去除量（处理量）、排放量等，具体分为水污染、大气污染和固体废物实物量核算。②环境污染价值量核算。环境污染价值量核算包括污染物虚拟治理成本和环境退化成本核算，分别采用治理成本法和污染损失法，其中虚拟治理成本基于数据污染实物量核算账户核算得出，也分为水污染、大气污染和固体废物治理成本。目前的环境污染价值量核算结果不包括碳排放造成的经济损失。③生态破坏损失核算。生态破坏实物量仍沿用 2008 年核算基础数据，对各项生态服务单位价值进行调整，获得 2009 年森林、湿地、草地以及矿产开发造成的地下水破坏和地质灾害等生态破坏造成的损失。④经环境污染和生态破坏调整的 GDP 核算。⑤物质流核算。根据国际上通用的欧盟物质流核算方法学框架，采用我国各类统计数据，核算我国国家尺度经济系统的输入输出物质流与相应指标（不包括隐流等对应指标）。核算中根据有关文献等资料数据，增加了对全国废物循环利用量的首次估算（欧盟物质流概念框架中不考虑属于系统内部的循环流量内容）。

由于 6 年间不断根据新的调查结果和文献资料对环境经济核算的范围和部分技术参数进行了局部的更新调整，特别是农业面源技术参数进行了比较大的调整，因此，从局部来看，部分核算结果不可比；但从总体来看，6 年的环境污染实物量和价值量量核算思路、核算范围以及核算方法基本相同，核算结果具有可比性，核算内容将随工作的不断深入开展逐步扩充。

专栏 1.2　2009 年环境经济核算数据来源

2009 年的核算以环境统计和其他相关统计为依据，就 2009 年全国 31 个省市和各产业部门的水污染、大气污染和固体废物污染的实物量和虚拟治理成本进行了全面核算，得出了经环境污染调整的 GDP 核算结果以及全国 30 个省市（西藏自治区数据不全，未包括在内）的环境退化成本、生态破坏损失及其占 GDP 的比例，以及国家层面的物质流核算结果。本报告基础数据来源包括《中国统计年鉴 2010》《中国环境统计年报 2009》《中国城乡建设统计年鉴 2009》《中国能源统计年鉴 2010》《中国卫生统计年鉴 2010》《中国乡镇企业年鉴 2010》《2008 中国卫生服务调查研究——第四次家庭健康询问调查分析报告》《中国畜牧业年鉴 2010》《全国环境质量报告书 2010》《中国矿业年鉴 2010》《中国农村统计年鉴 2010》《中国农业年鉴 2010》《USGS 数据库》《中国钢铁工业年鉴 2010》《中国有色金属年鉴 2010》以及 30 个省市的 2010 年度统计年鉴，环境质量数据和环境统计基表数据由中国环境监测总站提供。

生态破坏损失核算基础数据主要来源于全国第七次（2004—2008 年）和第六次（1999—2003 年）森林资源清查、全国湿地资源调查（1995—2003 年）、全国矿山地质环境调查（2002—2007 年）、全国第三次荒漠化调查（2004—2005 年）、全国 674 个气象站点数据、中国农业科学院 MODIS/NDVI 遥感数据、《中国土壤志》、美国 NASA 网站数字高程数据、全国草原监测报告、国家价格监测中心、芝加哥温室气体交易所碳排放交易价格、市场调查以及相关研究数据。

目前基于环境污染的绿色国民经济年度核算报告制度已初步形成，核算范围与核算内容今后将相对固定，从 2009 年起核算报告将以 5 年发布一份完整的 5 年环境经济核算报告、平年发布简版环境经济核算报告的形式滚动发布。其中，完整的环境经济核算报告将从国际比较、区域比较、行业比较等多个角度和层面对环境污染实物量账户、环境质量账户、虚拟治理成本环境污染价值量账户、环境退化成本环境污染价值量账户、环境经济投入产出账户、生态破坏损失价值量账户、GDP 扣减指数、物质流账户、碳排放账户、污染物减排账户的核算结果进行比较，开展经济增长与资源消耗、污染排放的协调性分析，为国家和地区中期产业结构调整、污染减排、风险防范政策的制定提供数据和技术支持；通过混合账户和环境经济投入产出账户，从污染产生、处理、排放全过程描述环保产业、绿色经济对国民经济的贡献和影响。简本报告将围绕较固定的各类账户和综合环境经济核算分析指标体系，简要对各年的环境经济结果进行现状和趋势分析。

2009 年核算报告为简本报告，共由 7 章组成，第 1 章为引言，介绍核算范围、核算内容与主要结论；第 2 章为环境污染与碳排放实物量核算结果；第 3 章为物质流核算，由于 2009 年是第一次加入物质流核算，对物质流核算的国际发展趋势、应用领域、基本理论与方法也进行了简要介绍；第 4 章为环境质量账户，对 2009 年的主要环境质量指标变化进行简要介绍；第 5 章为环保支出账户，给出了 2009 年环境保护中间支出与投资性支出的核算结果；第 6 章为 GDP 污染扣减指数核算；第 7 章为 GDP 环境退化指数核算，包括 2009 年的环境退化成本和生态破坏损失核算结果，对生态环境破坏损失核算结果进行了系统的综合分析。

本报告由环保部环境规划院完成，环境统计与质量数据由中国环境监测总站提供，课题研究单位还包括中国人民大学、清华大学。感谢环境保护部和财政部“建立中国环境经济核算技术支撑与应用体系”项目对本课题的资助，感谢环境保护部、国家统计局等部门有关领导对本项研究一直以来给予的指导和帮助。

专栏 1.3　环境污染实物量核算

环境污染实物量核算是以环境统计为基础，综合核算全口径的主要污染物产生量、削减量和排放量。核算口径较目前的统计数据更加全面，更能全面反映主要环境污染物的排放情况。碳排放账户主要基于能源消费量与 IPCC 提供的碳排放因子与中国能源品种低位发热量数据核算获得；环境质量和环保投入账户主要采用环境统计和环境质量监测数据。

第 2 章
污染排放与碳排放

2009 年是我国污染减排的攻坚年，水污染减排成效显著。根据核算结果，2009 年我国废水排放量达到了 847.9 亿 t，COD 排放量为 2 846.5 万 t，比 2008 年增加 2.9%，其中农业是 COD 的主要来源。大气排放方面，我国 SO_2 排放量呈快速下降趋势，2009 年核算排放量为 2 148.2 万 t，比 2005 年减少 16%。但因工业脱氮工艺/设施的不足和汽车拥有量的大幅增加，导致 NO_x 排放量呈上升趋势。固体废物方面，随着工业的发展以及城镇人口和生活水平的提高，产生量呈逐年增加趋势。2009 年，我国工业固体废物产生量为 20.3 亿 t，比上一年增加 7.1%。

2.1 水污染排放①

2009 年是我国污染减排的攻坚年，水污染减排成效显著。根据核算结果，2009 年，我国废水排放量为 847.9 亿 t，COD 排放量为 2 846.5 万 t，氨氮排放量为 208.6 万 t，其中，工业和城镇生活 COD 排放量比 2005 年减排 13%。但农业面源污染 COD 排放量仍呈增加趋势。

2.1.1 水污染排放

- 根据核算，我国废水排放量呈逐年增长趋势。废水排放量从 2004 年的 607.2 亿 t 上升到 2009 年的 847.9 亿 t，年均增速为 6.9%（图 2-1）。
- 2009 年工业和生活的 COD 排放量合计为 1 648 万 t，比 2008 年减少 4.1%。如果把农业 COD 排放量也计算在内，2009 年 COD 排放量达到 2 846.5 万 t，比 2008 年增加 2.9%。“十二五”期间如果考虑农业 COD 排放量，需要全面考虑 COD

① 本节数据来源于环境实物量核算结果。

减排潜力，科学测算 COD 减排目标。

- 农业是 COD 排放的主要来源。2009 年，农业的 COD 排放量占总 COD 排放量的 32%。其次是第二产业，其排放量所占比重为 21%（图 2-2）。

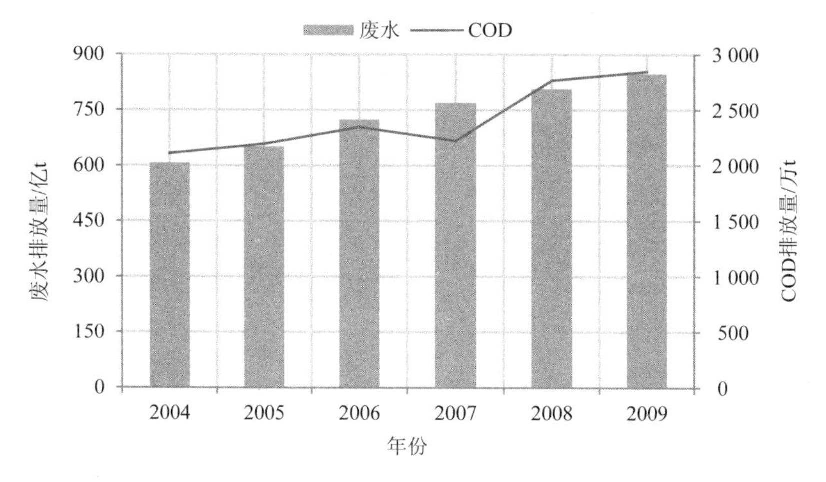

图 2-1　核算废水和 COD 排放量

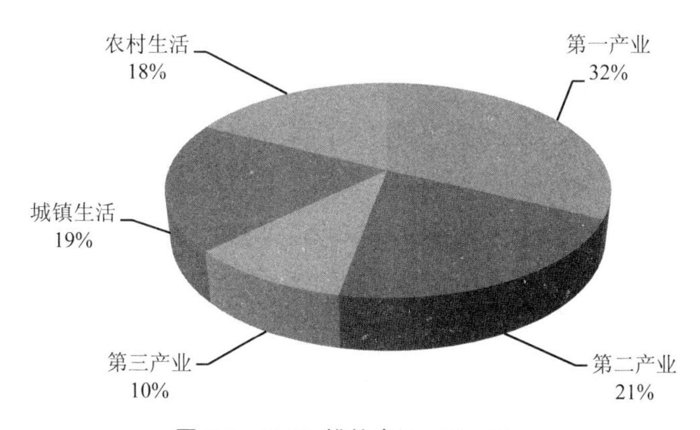

图 2-2　COD 排放来源（2009）

- 目前我国对农业面源污染的重视程度不够，缺乏科学的监测统计体系和有效的治理措施。农业面源污染造成的湖泊水库富营养化现象已引起极大关注，如何从源头控制我国农业面源污染是今后污染防治亟待解决的问题。

专栏 2.1　水污染排放核算方法与数据来源

水污染核算范围为种植业、畜牧业、工业行业、第三产业废水和城镇农村生活废水。核算对象为废水和废水中的主要污染物，包括COD、NH_3-N、TP、TN、石油类、重金属和氰化物。

农业水污染排放量采用排放系数法计算。其中，种植业废水排放量通过灌溉用水量、耗水系数和流失系数计算；种植业污染物排放量通过播种面积、源强系数和流失系数计算；规模化畜禽养殖的废水排放量通过规模化畜禽养殖量、废水产生系数、废水流失系数进行计算；规模化畜禽养殖的污染物排放量通过规模化养殖量、排泄系数、流失系数、污染物去除率等指标计算。农业水污染排放核算的基础数据来源于《中国畜牧业年鉴》《中国农业年鉴》、全国第一次污染源普查等。

工业废水排放以环境统计中各地区的工业废水排放量和各行业的废水排放量结构为基准，并根据环境统计与全国第一次污染源普查基础数据修正环境统计中的排放达标率，核算获得。工业水污染排放基础数据来源于《中国环境统计年报》与全国第一次污染源普查。

城镇生活废水与COD和NH_3-N排放量数据主要来自环境统计年报，TN和TP排放量通过人均源强系数计算获得；农村生活废水污染排放量利用人均综合生活废水和污染物产生系数法、沼气化率进行推算。生活废水污染排放基础数据来源于《中国统计年鉴》、水利公报、《中国环境统计年报》、全国第一次污染源普查以及其他文献。

环境统计只对工业和城镇生活的废水和废水污染物进行了统计，本报告还对农业和农村生活的废水和废水污染物进行了核算，因此核算结果比环境统计大。

2.1.2　水污染排放绩效

- 根据核算，工业行业COD去除率呈逐年上升趋势，工业行业COD平均去除率由2005年的58.9%上升到2009年的69.1%。
- 造纸、食品加工、化工、纺织以及饮料制造行业是工业COD排放量大的行业，其COD排放量占总排放量的74%。2009年，这5个行业的污染物去除率分别为66.1%、65.9%、68.3%、75.2%和76.2%，造纸、食品加工和化工等排放大户的 COD 去除率低于全国平均水平（图 2-3）。

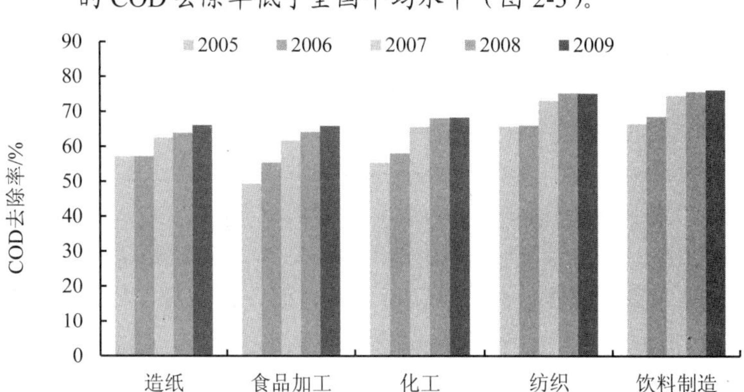

图 2-3　主要废水污染行业 COD 去除率

- 单位工业增加值的 COD 产生量和排放量都呈下降趋势。单位工业增加值的 COD 的产生量和排放量从 2005 年的 25 kg/万元和 10 kg/万元下降到 2009 年的 15 kg/万元和 4 kg/万元，工业水污染的排放绩效显著提高。
- 从空间格局来看，东部沿海地区的废水排放达标率较高，达到 71.4%。北京、天津、浙江、山东等废水排放达标率高的省市都位于东部地区。西部地区的废水排放达标率相对较低，仅为 60.9%，西藏、贵州、青海、新疆等废水排放达标率低的省区都位于西部地区。总体来看，工业废水排放达标率高于生活废水排放达标率，东部地区废水排放达标率高于西部地区，西部生活废水排放达标率低于东部近 20 个百分点，西部地区的生活废水治理能力仍待提高（图 2-4）。

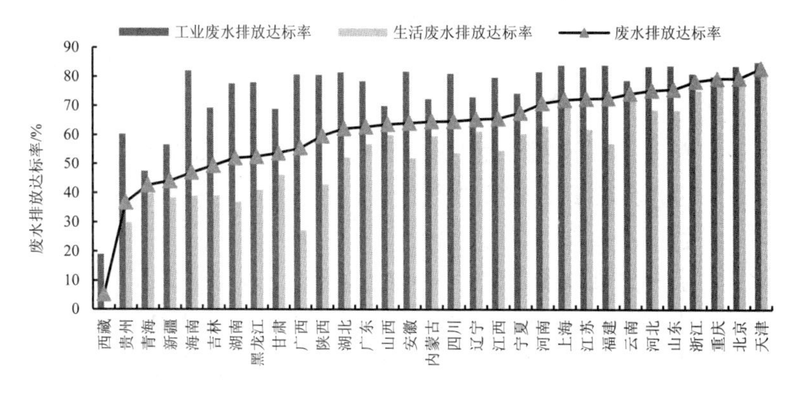

图 2-4　2009 年中国各省（市、区）废水排放达标率

2.2 大气污染排放

随着我国大型发电机组脱硫设施的安装，我国 SO_2 排放量呈快速下降趋势，根据 2009 年核算结果，全国 SO_2 排放量为 2 148.2 万 t，比 2005 年减少 16%。同时，烟尘和工业粉尘排放量也呈下降趋势，2009 年烟尘排放量和工业粉尘排放量分别为 847.8 万 t、523.6 万 t，比 2008 年减少 6%、10%，比 2005 年减少 28.3%和 42.5%。但因工业脱氮工艺与设施的不足和汽车拥有量的大幅增加，导致我国 NO_x 排放量呈上升趋势。2009 年，我国 NO_x 排放量为 2 515.1 万 t，比 2005 年增加近 30%（图 2-5）。

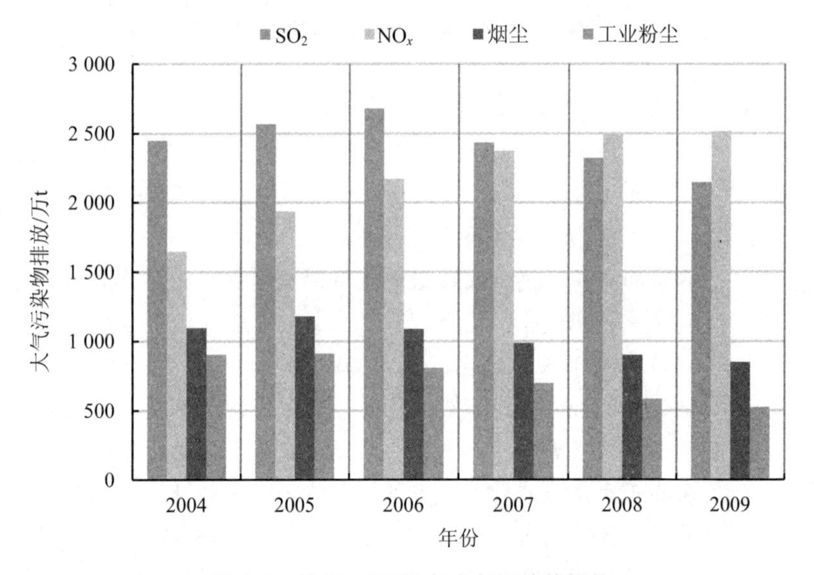

图 2-5　2004—2009 年大气污染物排放

2.2.1 大气污染排放

- 随着我国大型发电机组脱硫设施的安装及正常运转，全国 SO_2 排放量呈下降趋势。2009 年 SO_2 排放量 2 148.2 万 t，比 2005 年下降 16%。
- 由于工业脱氮工艺与设施的不足，同时我国汽车拥有量逐年增加，造成我国 NO_x 排放量呈明显上升趋势，根据核算，2009 年 NO_x 排放量 2 515.1 万 t，与 2005 年相比增加了近 30%。

- 我国工业粉尘和烟尘的排放量都呈下降趋势。工业粉尘排放量从 2005 年的 911.2 万 t 下降到 2009 年的 523.6 万 t，降低了 42.5%。烟尘排放量从 2005 年的 1 182.5 万 t 下降到 2009 年的 847.8 万 t，降低 28.3%。
- 工业是 SO_2 排放量的主要贡献行业。2009 年，第二产业 SO_2 排放量占总 SO_2 排放量的 88%。其中，电力生产、非金制造、黑色冶金、化工、有色冶金、石化等行业是工业 SO_2 排放的主要行业，这 6 个行业的排放量之和占总排放量的 83.9%，其中，电力行业仍然占工业 SO_2 总排放量的 51.6%（图 2-6）。

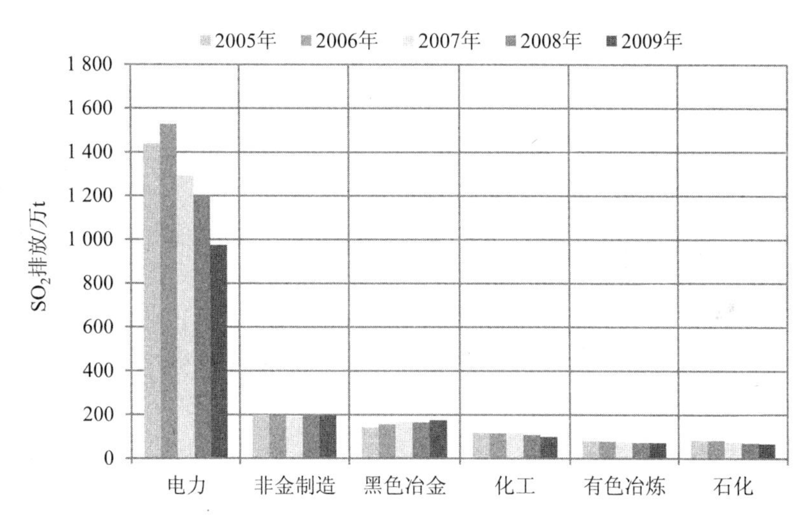

图 2-6 2005—2009 年主要 SO_2 排放行业

2.2.2 大气污染排放绩效

- 2009 年，我国工业 SO_2 去除率为 60.6%，比 2005 年提高 28%，工业 SO_2 去除率显著提高。其中，有色冶金和石油加工两个行业的去除率较高，分别为 91.6%和 82.6%。
- 电力生产、非金制造、黑色冶金、化工、有色冶金、石油加工等是大气污染 SO_2 主要排放源。其中，电力生产、非金制造、黑色冶金和化工这四大行业的 SO_2 去除率都低于全国平均水平。从提高工业 SO_2 减排绩效的角度来看，这 4 个行业

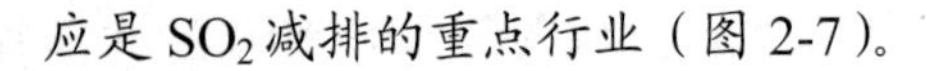
应是SO_2减排的重点行业（图 2-7）。

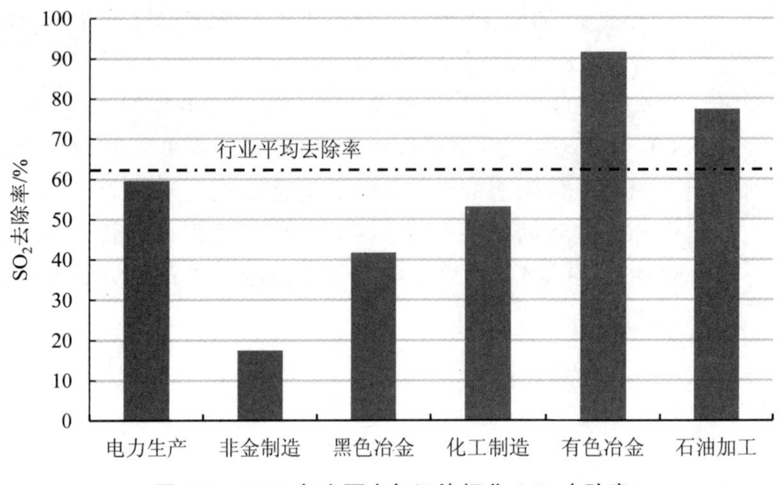

图 2-7　2009 年主要大气污染行业 SO_2 去除率

➢ 2009 年，我国工业的烟尘去除率为 98.1%。电力生产、非金制造、黑色冶金、化工、煤炭采选、石油加工等行业是我国烟尘排放量的主要行业，其排放量比重为 78.7%。这些行业的烟尘去除率分别为 99.2%、91.2%、96%、94.8%、85.9%、92.6%。除电力生产外，其他行业的烟尘去除率都低于全国平均值（图 2-8）。

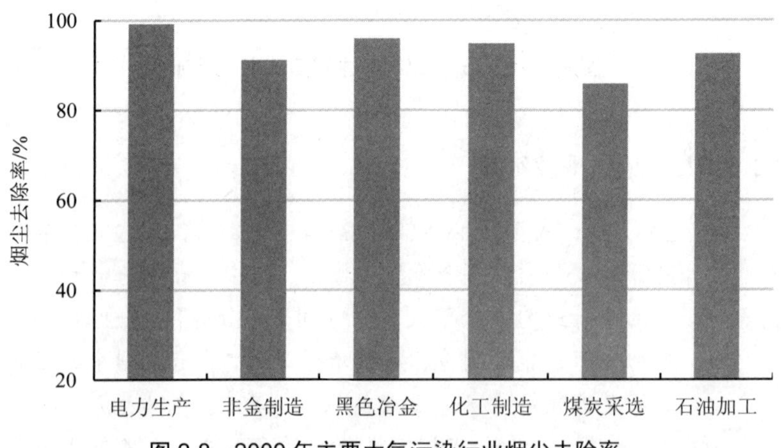

图 2-8　2009 年主要大气污染行业烟尘去除率

- 我国工业行业 NO_x 去除率仍然很低，2009 年去除率仅为 5.4%。电力生产、黑色冶金、化工制造、非金制造、造纸业、煤炭采选业等 NO_x 排放大户，这些行业去除率都低于 10%（图 2-9）。

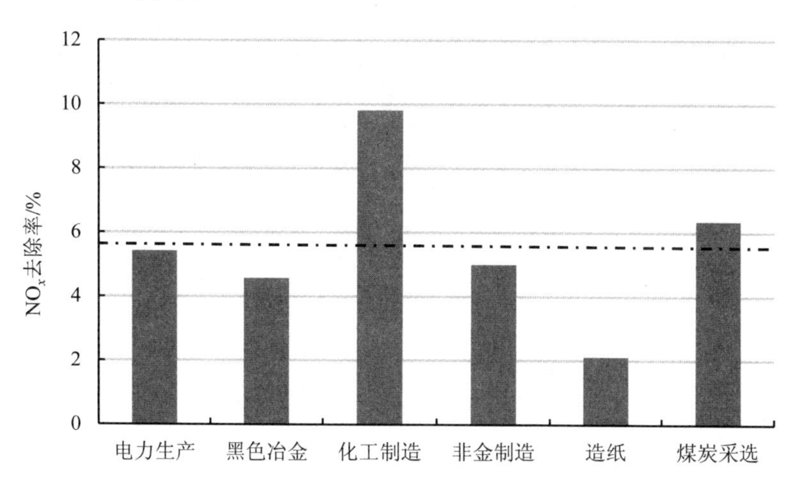

图 2-9 2009 年主要大气污染行业 NO_x 去除率

- 根据核算结果，我国 NO_x 排放量已超过 SO_2 排放量，其削减水平一直较低。“十二五”环境规划已把 NO_x 纳入污染减排目标，“十二五”期间我国大气污染治理任务依然面临严峻挑战。
- 从空间格局角度分析，山东、内蒙古、河南、山西、河北是我国 SO_2 排放量的前 5 省，其 SO_2 排放量占总排放量的 31.1%，SO_2 去除率分别为 66%、56.6%、52.8%、56.8%和 54.3%。除山东省外，其他 4 个省份的 SO_2 去除率都低于全国平均水平。SO_2 去除率最高的省份是西藏、甘肃、北京、安徽、云南，去除率都高于 75%; 去除率低的省份包括青海、黑龙江、四川、福建和吉林，其去除率都小于 46%，其中青海省只有 23%（图 2-10）。

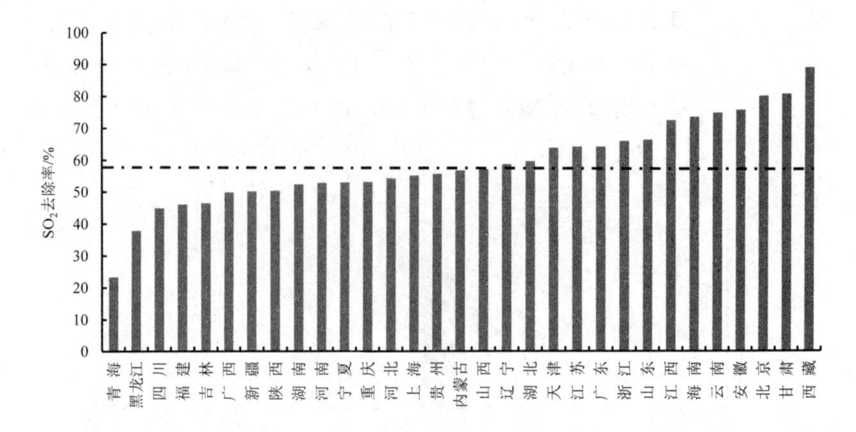

图 2-10　2009 年各省（市、区）SO_2 去除率

专栏 2.2　大气污染排放核算方法与数据来源

大气污染核算范围为：农业、工业行业、第三产业和生活废气。核算对象包括：SO_2、烟尘、工业粉尘和 NO_x。

大气污染物产生量和排放量核算采用环境统计与能源消耗核算和排放系数相结合的方法。根据地区能源统计和燃煤含硫量等数据计算地区的 SO_2 产生量，根据不同行业 NO_x 的产生和排放系数核算 NO_x 的产生量和排放量，并依据环境统计的污染物去除情况，核算污染物的去除量和排放量。

大气污染排放核算的基础数据主要来自《中国统计年鉴》《中国城市建设统计年鉴》《中国能源统计年鉴》与全国第一次污染源普查数据。

2.3　固体废物排放

随着工业的发展以及城镇人口和生活水平的提高，我国固体废物产生量呈逐年增加趋势。2009 年，我国工业固体废物产生量为 20.3 亿 t，比 2008 年增加 7.1%。一般工业固体废物的综合利用量（含利用往年贮存量）、贮存量、处置量分别为 13.7 亿 t、2.1 亿 t、4.7 亿 t，分别占一般工业固废产生量的 67.5%、10.3%、23.2%。

- 工业固体废物产生量呈逐年增加趋势。我国工业固体废物产生量由 2005 年的 13.3 亿 t 上升到 2009 年的 20.3 亿 t，增加了 52.6%。

➢ 综合利用是工业固体废物最主要，也是增速最快的处理方式。一般工业固体废物的综合利用量从 2005 年的 7.8 亿 t 增加到 2009 年的 13.7 亿 t，工业固体废物综合利用率由 2005 年的 58%上升到 2009 年的 62.5%（图 2-11）。危险废物的综合利用率由 2005 年的 41.8%上升到 2009 年的 56.2%（图 2-12）。我国的资源循环利用程度不断增加。

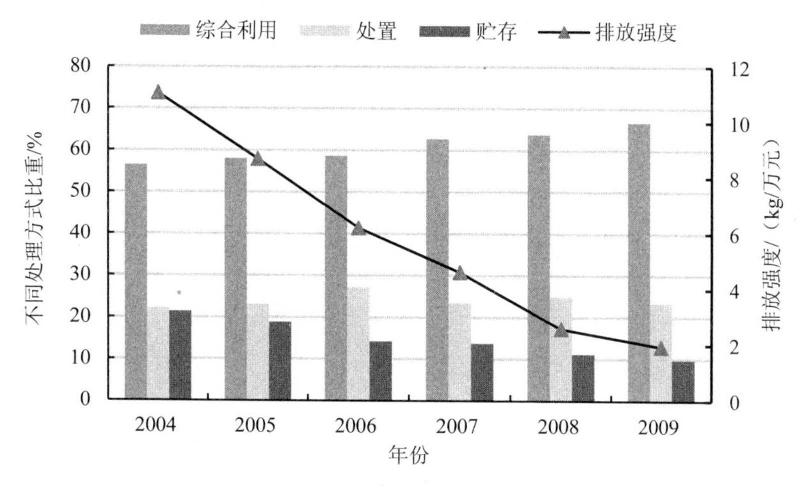

图 2-11　一般工业固体废物不同处理方式比重和排放强度

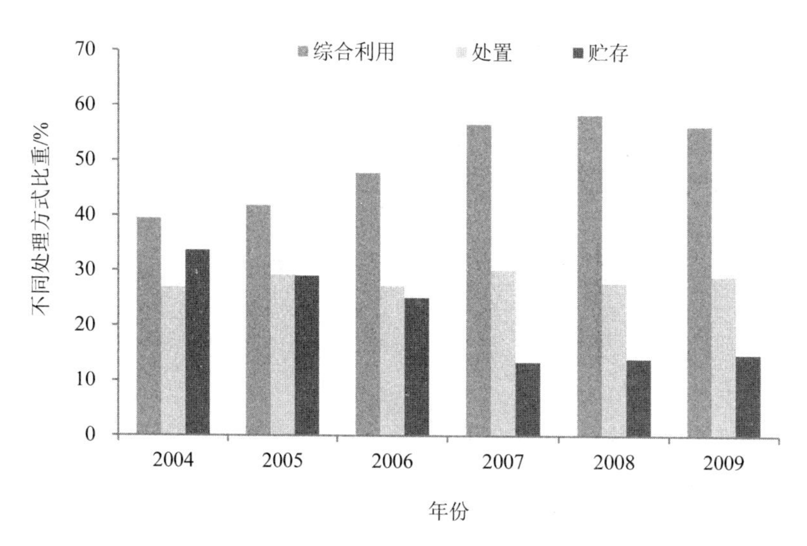

图 2-12　危险物不同处理方式比重

- 工业固体废物的排放量呈逐年下降趋势。一般工业固体废物排放量从 2004 年的 1 760.8 万 t 下降到 2009 年的 709 万 t，降低了 59%。自 2008 年我国危险废物实现了零排放。
- 工业固体废物产生强度和排放强度都呈下降趋势。其中，单位 GDP 的工业固体废物产生量从 2004 年的 760 kg/万元下降到 2009 年的 558 kg/万元，排放强度从 2004 年的 11 kg/万元下降到 2009 年的 1.9 kg/万元。物耗强度有所降低，生产环节的资源利用率得到有效提高。
- 煤炭采选、黑色冶金、有色冶金和燃气供应是工业固体废物排放的主要行业，其固体废物排放量占总排放量的 75.6%，是提高工业固体废物排放绩效的关键。
- 城镇生活垃圾产生量逐年上升。生活垃圾产生量由 2005 年的 1.8 亿 t 上升到 2009 年的 2 亿 t，年均增速为 2.7%，高于人口的年均增速。
- 城镇生活垃圾的处理率增速不显著，但简易处理的比例下降显著。2005 年生活垃圾处理率为 67%，2006 年下降到 58%，2009 年为 69%。其中，无害化处理率从 2005 年的 43%上升到 2009 年的 55%，简易处理率从 2005 年的 35.7%下降到 2009 年的 20.8%（图 2-13）。

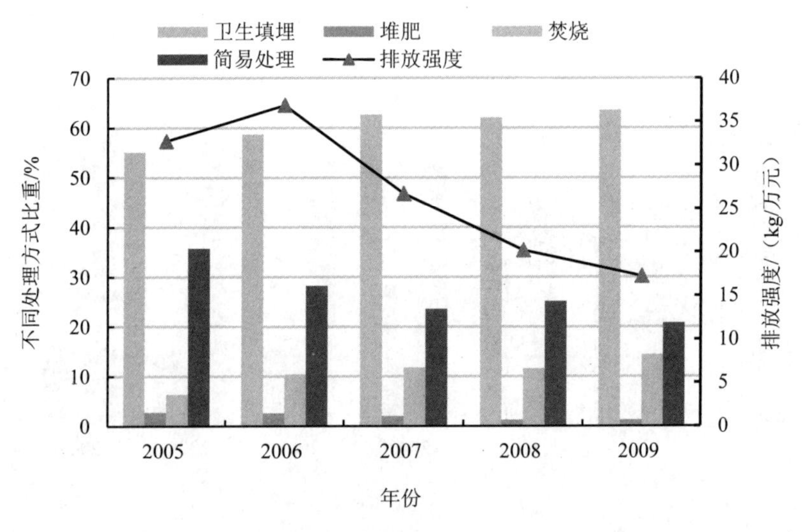

图 2-13 生活垃圾不同处理方式比重和排放强度

- 卫生填埋是目前我国生活垃圾的主要处理方式。卫生填埋占生活垃圾处理量的比重由 2005 年的 55%上升到 2009 年的 63.5%。但卫生填埋会使垃圾中的有机物发生厌氧分解，产生温室气体甲烷，甲烷的温室效应是二氧化碳的 21 倍。因此，要加强生活垃圾卫生填埋场所的甲烷收集与污染控制，严防垃圾填埋对地下水的污染和温室气体排放。
- 城镇生活垃圾排放量总体呈增加趋势，排放强度呈下降趋势。2005 年生活垃圾排放量为 6 029 万 t，2009 年上升到 6 300 万 t。人均生活垃圾排放量由 2005 年的 107.3 kg/人下降到 2009 年的 101.3 kg/人。

2.4 碳排放

全球气候变化已成为不争的事实。IPCC 第四次评估报告明确提出全球气温变暖有 90%的可能是由于人类活动排放温室气体形成增温效应导致。自 20 世纪以来，世界碳排放量呈逐年增长趋势。2007 年化石能源利用和水泥生产的全球碳排放量为 83.65 亿 t，与 1990 年相比，增加了 36.04%。

中国作为经济高速增长的发展中国家，其碳排放也在快速增加。中国一次能源 CO_2 排放量从 2000 年的 34.7 亿 t 上升到 2009 年的 71.8 亿 t，增加了 1 倍，中国已成为世界最大的 CO_2 排放国家。中国正处于工业化中期阶段，CO_2 排放量在一段时间内仍将呈增加趋势，中国的 CO_2 减排形势不容乐观。

中国碳排放

（1）由于对化石能源的巨大需求，我国的碳排放增长迅速。2009 年相对于 2000 年，增加了 1 倍。

（2）我国能源强度总体呈下降趋势。“十一五”环境规划提出，“十一五”期间我国万元 GDP 能耗强度降低 20%的减排目标，我国能耗强度从 2005 年的 1.28 t/万元下降到 2009 年的 0.9 t/万元，能耗强度降低了 29%，提前实现了“十一五”能耗强度下降的目标（图 2-14）。

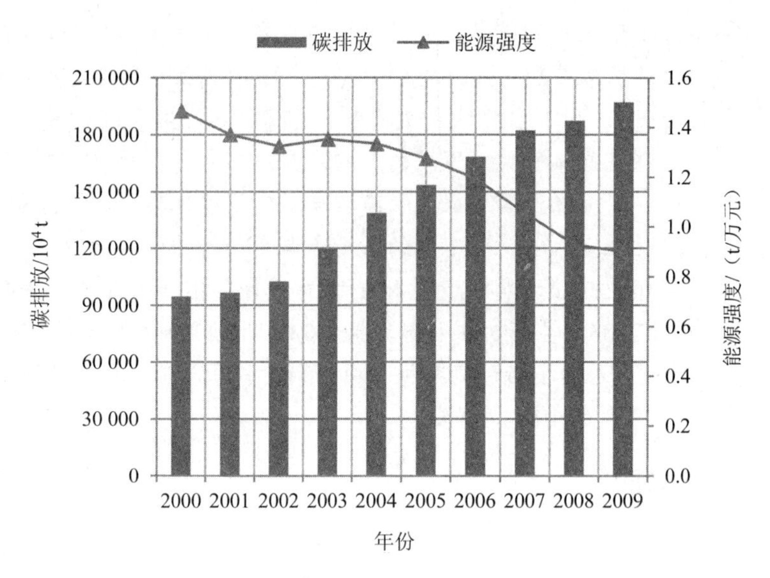

图 2-14　中国的碳排放（2000—2009 年）

（3）我国的碳排放主要分布在黑色冶金、化工、非金属制造、电力生产、石油加工、有色冶金、煤炭开采以及纺织业等工业行业（图 2-15）。

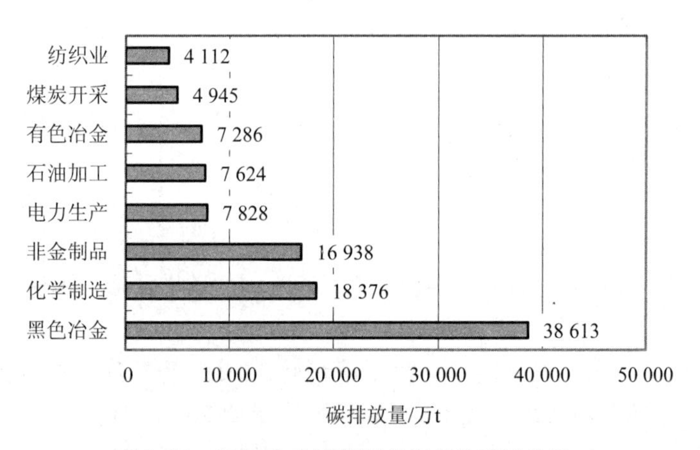

图 2-15　2009 年主要碳排放行业的碳排放量

（4）2009 年工业行业终端能源利用的排放占全部终端能源排放的 71.6%，其中以黑色冶金、非金属制造、化工排放最多，占整个工业排放的 54.9%。

（5）农业、建筑业和批发零售业的排放都较少，占全部终端能源碳排放的 5.7%左右，较 2008 年比重有所上升；生活能源消费的排放占 11.2%；交通运输占 7.2%。工业仍是我国控制碳排放增长的重点领域。

（6）2009 年我国终端能源消费的碳排放为 18.7 亿 t 碳，相当于 68.5 亿 t CO_2，碳排放的区域分布差异很大。山东省、河北省、江苏省、广东省、河南省、辽宁省、内蒙古自治区、浙江省以及山西省的碳排放量较大，合计约 10.5 亿 t 碳，占全部碳排放的 56.1%。其中以山东省的碳排放量最大，达到 1.86 亿 t 碳，占总排放量的 10%；海南省的碳排放最少，为 596.7 万 t 碳（图 2-16）。

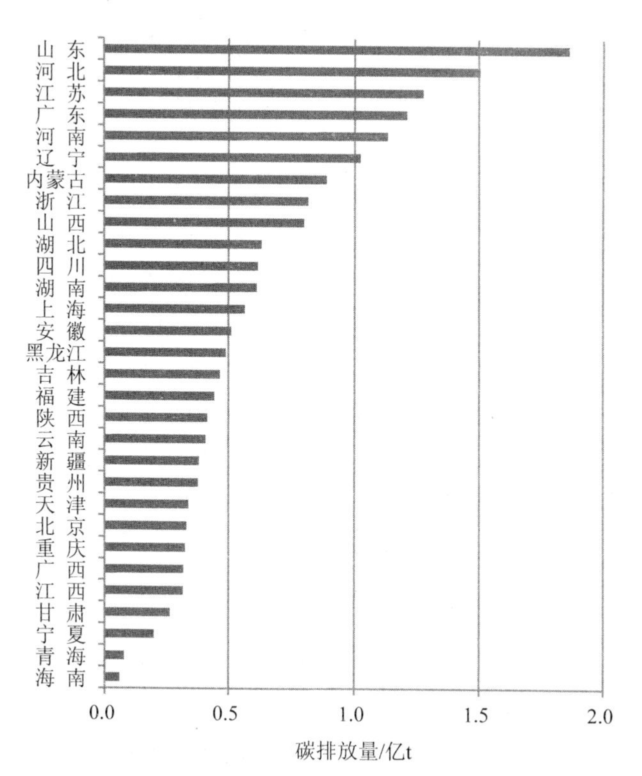

图 2-16 2009 年各省（市、区）的碳排放量

（7）与 2008 年相比，2009 年我国碳排放增加了 5.6%。其中，广西、新疆、福建、辽宁、陕西等省份的碳排放增速都大于 10%，吉林、北京、山西、甘肃、青海等省份的碳排放呈小幅下降趋势。

第3章 物质流核算

经济系统的物质流核算分析（EW-MFA），是一个在国家层面对经济系统的物质代谢过程进行系统全面实物量核算的体系工具，其基本内容是定量刻画一个经济系统的资源能源输入与废物产生/排放的状态。

联合国（统计署）、世界银行等机构正将经济系统物质流核算纳入当前开展的对 SEEA2003 进行修改与补充的过程中。部分国家，特别是欧盟成员国现已开始试行将物质流列为国家统计核算工作的组成部分。日本自 2000 年在推进循环型社会建设的实践中，两次全国规划的编制均基于物质流分析建立了以资源生产力、废物循环率及处理处置降低率 3 项物质流核算指标为规划的目标。为转变长期来我国以高昂的资源环境为代价的经济增长与发展模式，我国实施了发展循环经济的重大战略。2008 年通过的《中华人民共和国循环经济促进法》，明确规定了建立循环经济评价指标体系的要求，并围绕有关重要资源能源实物量的统计核算，推动着循环经济指标构建的实践。特别是“十二五”社会经济发展规划，首次列入了资源产出率指标。应该说，国际环境经济核算发展趋势与国内资源-能源-环境管理工作都对物质流核算提出了现实需求。

经过 3 年的努力，环境经济核算课题组建立了我国的物质流核算基本框架与核算方法，并在 2009 年环境经济核算报告中将初步的 2009 年物质流核算结果公布与读者交流共享。

3.1 物质流核算的国际发展趋势

物质流分析起源于工业代谢（或社会代谢）研究，旨在揭示支撑经济活动的物质数量规模，展现经济系统的物质流动状态及其对环境的压力影响。从考察对象和分析问题的特征来看，整体可区分为两类不同的物质流分析方法。一类是对特定物质或元素的流动及其影响的分析，即元素分析（Substance Flow Analysis，SFA），这是早期物质代谢分析的主要内容；另一类为经济社会系统总的物质通量核算分析（Economy-wide Material Flow Analysis/Account，EW-MFA），后者是近年来研究与应用的热点。

较系统的经济系统物质流分析，始于 WRI 和 Wuppertal 研究所分别在 1997 年、2000 年完成的对美国、荷兰、德国、日本和奥地利 5 国的物质投入和向环境的物质排放的核算分析。随后，在 ConAccount 的平台支持推动下，国际先后产生了一批国家的物质流核算分析研究，如奥地利、德国和芬兰等。针对实践中缺乏统一概念定义与分析框架等问题，2001 年，欧盟统计局发布了欧盟导则（Economy-wide material flow accounts and derived indicators：A methodological guide），推进了物质流核算分析方法的规范统一。此后，根据欧盟导则开展的国家尺度物质核算逐渐增多，如欧盟 15 国的物质流分析工作等。2008 年，OECD 在欧盟导则的基础上发布了“Measuring material flows and resource productivity”指南，强调以物质流分析为基础建立资源生产力指标及其在绿色经济中的政策意义。

与此同时，作为超越 GDP 的国民经济核算体系改革的行动组成，联合国（统计署）、世界银行等机构正将经济系统物质流核算纳入当前开展的对 SEEA2003 进行修改与补充的过程中。部分国家，特别是欧盟成员国现已开始试行将物质流列为国家统计核算工作的组成部分。日本自 2000 年在推进循环型社会建设的实践中，两次全国规划的制定都基于物质流分析建立了以资源生产力、废物循环率及处理处置降低率 3 项指标为目标的规划。2010 年，欧盟提出了改进资源生产力、降低资源消耗的旗舰计划。OECD 以及美国等国家通过物质流分析提出了可持续资源管理的重点领域。特别是在迎接以绿色经济为基调的 Rio+20 的准备工作中，UNEP 连续发布了促进经济增长与自然资源和环境脱钩、金属物质循环等系列政策报告。

当前，围绕经济与物质流的解耦脱钩，针对资源输入与消耗，提高资源生产力、推进绿色经济转型的政策实践正成为物质流方法的应用重点。

3.2 物质流核算与循环经济

发展循环经济是我国推进经济绿色转型、实现资源节约与环境友好型社会建设发展的重大战略举措。我国的循环经济，核心在于将资源环境因素渗透融入经济增长发展中，按照“减量化、再利用、资源化”的三原则对传统的“资源—产品/服务—废物”线性物质代谢模式实施转变，以资源高效与废物循环利用的物质代谢模式支持经济的又好又快发展。面对我国从试点转入全面推进循环经济发展的需要，迫切要求尽快建立一套“可量化、可操作、可考核”的循环经济评价体系，以便对基于“减量化、再利用、资源化”的循环经济物质流转型进展进行宏观表征，并对循环经济发展与其资源能源投入和废物污染产生排放的解耦程度进行有效度量。

依托物质流分析，能够为循环经济的宏观评价指标定量建立以及相应的核算统计制度建设提供技术支撑，并为量化分析发展循环经济的物质流水平效果、科学指导降低经济社会发展中资源环境压力目标的设定、有效支持资源环境与经济一体化管理与政策提供决策依据。此外，从转变经济系统物质代谢模式的内涵来看，我国积极实施的低碳发展、节能减排等各类行动，其核心都是“减量化、再利用、资源化”与物质流分析涵盖的重要内容与体现。积极推进经济系统的物质流核算分析工作，是循环经济发展的重要基础性工作。

3.3 物质流核算的基本理论与方法

协调人类社会与其外部环境系统两者的关系，核心问题在于转变支撑人类自身经济增长发展所沿袭的“资源—产品/服务—废物”线性物质流模式。依据这一概念认识，为系统表征经济系统的物质代谢压力作用，为综合环境—资源—经济决策提供支持，经济系统的物质流核算分析方法应运而生。

目前普遍认可的 EW-MFA 的概念框架见图 3-1。其基本原理为：对于一个依托于物质代谢的过程而发展的经济系统，在给定区域边界的条件下，经济系统的物质输入包括两部分：直接从本区域自然环境中掘取的各种原材料物质流；从区域外调入的各种物质流，包括原材料、半成品和成品。

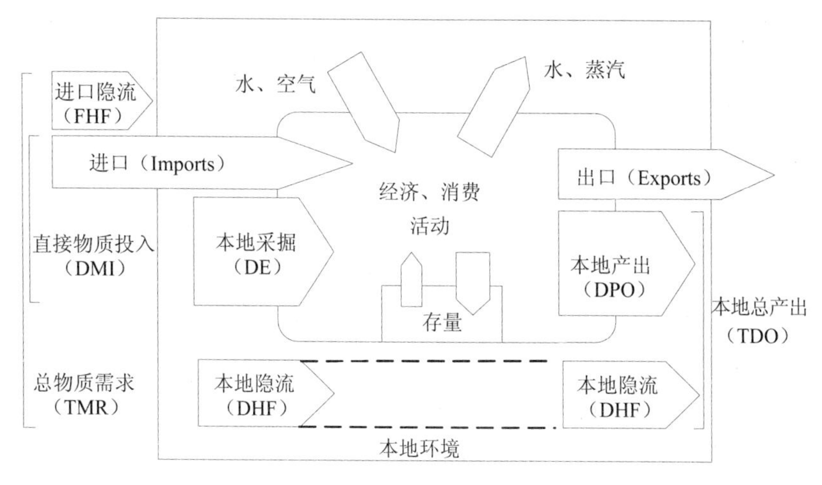

图 3-1　物质流分析基本框架

进入经济系统后的物质，经生产、消费，或成为物质存量，或转变为系统的物质输出（存量最终也会转变为流量从系统输出）。经济系统的物质输出也包括两部分：向区域外调出的各种物质流，包括原材料、半成品和成品；转变为废弃物向环境排放的物质流。

按照系统的物质平衡原理，一个经济系统的物质流，应满足“总输入 = 总输出 + 净积累”的关系。

在 EW-MFA 框架中，一个经济系统物质流的主要输入与核算指标如下：

（1）直接物质投入（Direct Material Input，DMI），是指所有具有经济价值并投入生产和消费活动的资源的总和。

（2）总物质需求（Total Material Requirement，TMR），是指为支撑经济系统运行的全部物质需求量，包括直接物质投入和隐流两部分。其中：隐流（Hidden Flow，HF），是指在提供产品的过程中未进入经济系统（因而不具有任何经济价值）而直接流入环境的物质流，它表征了经济社会发展过程中对生态环境的隐性压力。

（3）本地物质消耗（Domestic Material Consumption，DMC），是指本系统各种生产和消费活动中直接使用的资源量。

（4）本地废物排放（Domestic Processed Output，DPO），是指生产、消费活动所产生进入环境的废弃物总量。

通过这些指标的测算，可以对经济系统中的物质流运行状况进行评价。鉴于从经济活动源头提高资源生产力、降低环境压力问题正成为国际社会日益增长的关注点，目前物质流核算分析在输入端的DMI/DMC和TMR的侧重上，虽存在认识偏爱上的差异，但从实践上来看，DMI/DMC采用更为广泛。

EW-MFA核算分析方法，直接把各种重量相加，好处是简便直观，易于为公众和决策者理解。其主要不足：①难以体现不同物质流对自然环境影响上的差异。虽然已有提出加权处理的方式，但目前尚未得以应用。②在于该框架为一个黑箱模型，对经济系统内部无法展开进一步的识别分析。借助投入产出分析构建物质投入产出表（Physical Input-Output Table，PIOT）是国际上"白化"EW-MFA黑箱的实践。但数据需求大，测算复杂，目前国际上只有个别国家的PIOT编制实践。

3.4 2009年国家尺度物质流核算

3.4.1 2009年国家尺度物质流指标测算

根据国际上通用的欧盟物质流核算方法学框架，以我国各类公开发布的统计数据为基础，对2009年我国国家尺度的经济系统输入输出物质流与相应指标（不包括隐流等对应指标）进行了测算。同时，综合参考有关文献等资料数据，核算中增加了对全国废物循环利用量的首次估算（按照欧盟物质流概念框架，核算是针对系统边界的输入输出问题而不考虑属于系统内的循环流问题），以便为反映我国循环经济的资源生产力与循环利用两个宏观综合指标提供支持。测算指标主要包括物质投入、物质循环和物质输出3类基本指标。具体指标含义如下：

（1）本地采掘。本地采掘是指国内采掘，包括生物质、金属矿石、非金属矿石和化石燃料4类。由于水的数量级较其他本地开采物质流大，按照一般物质流核算惯例未予计入。

（2）进口/出口。进口与出口是指通过我国海关口岸进入/流出该经济系统的所有商品，包括原材料、半制成品和制成品。

（3）本地废物排放。向环境排放是指从经济系统进入自然环境中的物质，按照EW-MFA的概念，对处理处置过程区分为已控和未控两类。本测算中将经无害化处理的固体废物作为已控排放部分，归为物质存量存储于经济系统中；其余作为未控部分，归为DPO。

（4）再生资源回收量。再生资源回收量是指经过最终消费使用后，被再利用资源化的物质总量，主要包括废钢铁、废有色金属、废塑料、废纸、废轮胎、废旧电子电器、报废汽车、报废船舶等。

（5）物质循环量。物质循环量是指来自生产加工和终端消费环节被循环利用的固体物质总量，包括固体废物综合利用量（工业与农业）和再生资源回收利用量。其中，工业固体废物综合利用量（ICU）是指在生产加工过程中通过回收、加工、循环、交换等方式，从固体废物中提取或者使其转化为可以利用的资源、能源和其他原材料的固体废物量（包括当年利用往年的工业固体废物贮存量），如用作农业肥料、生产建筑材料、筑路等。主要物质类别有危险废物、冶炼废渣、粉煤灰、炉渣、煤矸石、尾矿、放射性废物；不包括矿山开采的剥离废石和掘进废石（煤矸石和呈酸性或碱性的废石除外）。农业固体废物综合利用量（ACU）是指收集后用作燃料、饲料、肥料、工业原料（包括建材）、食用菌基料以及用作生产沼气的畜禽粪便，不包含未经处理直接还田的秸秆总量。

测算结果见表 3-1 与图 3-2。为便于参考对照，除 2009 年外表 3-1 同时给出了 2006—2008 年的核算结果。为理解直观，图 3-2 为 2009 年我国物质流核算的全景图。

表 3-1　2006—2009 年主要物质流指标测算结果　　单位：10^6 t

指标＼年份	2006	2007	2008	2009
本地采掘（DE）	7 403	9 157	9 812	10 009
进口（IM）	848	964	1 035	1 412
出口（EX）	1 158	1 470	1 251	846
直接物质投入（DMI）	8 251	10 121	10 847	11 421
本地物质消耗（DMC）	7 093	8 651	9 596	10 575
本地废物排放（DPO）	7 540	6 829	6 825	6 967
再生资源回收量（RE）	144	161	174	200
工业固体废物综合利用量（ICU）	926	1 103	1 235	1 382
农业固体废物综合利用量（ACU）	461	467	505	538
固体废物综合利用量（CU）	1 387	1 570	1 740	1 920
物质循环量（RU）	1 531	1 731	1 914	2 120

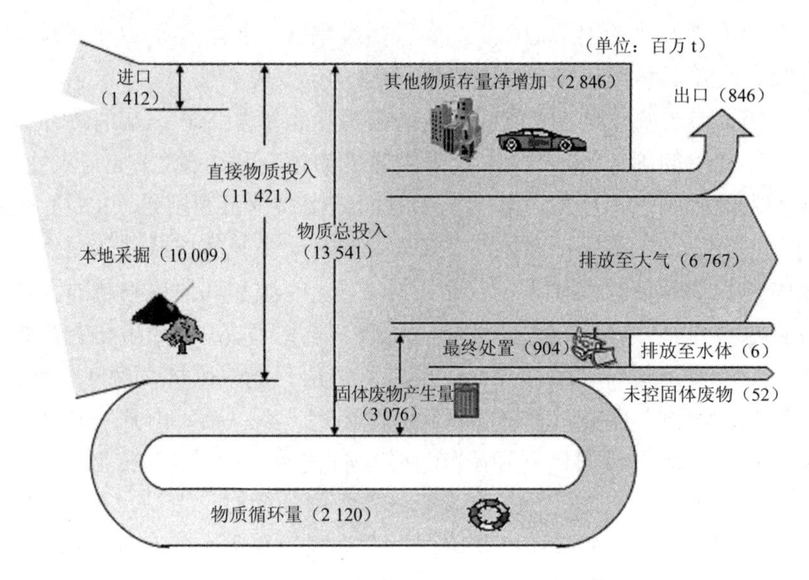

图 3-2　2009 年中国国家 EW-MFA 全景

3.4.2　基于 EW-MFA 的有关指标测算

在 EW-MFA 获得的指标基础上，结合社会、经济有关数据，可处理得到进一步的相关指标，如资源产出率、循环利用率等可作为度量循环经济发展的典型指标，以为经济系统的深入分析或管理决策提供信息。这类相关指标（以下简称循环经济相关指标）测算结果见表 3-2。

表 3-2　2006—2009 年循环经济相关指标

指标	单位	年份			
		2006	2007	2008	2009
GDP/本地采掘	元/t	2 405.10	2 219.80	2 271.20	2 426.90
本地采掘/人口	kg/人	41.60	45.00	44.00	41.20
直接物质投入/人口	kg/人	62.80	76.60	81.70	85.60
GDP/本地物质消耗	元/t	2 510.20	2 349.60	2 322.30	2 297.00
GDP/直接物质投入	元/t	2 157.90	2 008.40	2 054.50	2 126.90
本地物质消耗/人口	kg/人	54.00	65.50	72.30	79.20
总循环量/直接物质投入	%	18.56	17.10	17.65	18.56
再生资源回收量/直接物质投入	%	1.75	1.59	1.60	1.75
再生资源回收量/总循环量	%	9.41	9.30	9.09	9.43
总循环量/（直接物质投入+总循环量）	%	15.65	14.61	15.00	15.66
总循环量/固体废物总产生量	%	66.91	66.32	67.28	68.92

3.4.3　物质流核算结果的分析

2006—2009 年的 DMI 与 DMC 均增长迅猛。2006 年的 DMI 仅 80 多亿 t，其后的 2007 年、2008 年、2009 年 3 年的 DMI 均超过了百亿吨。DMC 更是在 2009 年突破了百亿吨。在经济发展的同时，物质投入与消耗不断上升，我国目前阶段的经济发展模式仍高度依赖自然资源的投入。

2006—2009 年再生资源回收量（RE）与工业固体废物综合利用量（CU）的物质均有所增加。RE 的增长率较高，2009 年较 2006 年有约 40%的增幅。CU 虽然增幅不及 RE 高，但由于 RE 的绝对值仅有 CU 的 8%左右，CU 绝对值增幅较大。可以认为，这明显反映了“十一五”我国推动循环经济发展的驱动作用。但是，从 RU/（DMI+RU）、RU/DMI、RE/DMI、RE/RU 以及 RU/（DMI+RU）的测算结果来看，整体比例变化不大。

虽然 2006—2009 年的 DE、DMI 与 DMC 均保持较大幅度的增长，但 DPO 的走势趋于平缓，且略有下降趋势。从总量以及物质平衡角度来看，体现了我国“十一五”期间的污染物减排的积极效果。虽然废物、污染物产生仍在加大，但大量废物与污染物通过再生资源化与无害化处理后，在排放端大幅降低了对环境的压力。

与社会经济数据结合的结果显示，我国在人口相对稳定的前提下，物质消耗总量的不断增大，导致了人均物质消耗的持续增加。虽然人均 DE 大体浮动在 42 kg/人左右，然而人均 DMI 出现了较大增长趋势。这表明，“十一五”期间支撑我国经济发展的物质投入上，在国内一次资源采掘变动不大的情况下，相对依靠了不断增加的国外资源。

无论是从 DMI 还是从 DMC 来看，我国经济增长的资源生产力（或资源产出率）指标，“十一五”期间整体都呈现下滑趋势，大体浮动于 2 100～2 300 元/t 的水平上。中国总体资源产出效率低下，在国际上仍处于下游水平（图 3-3）。

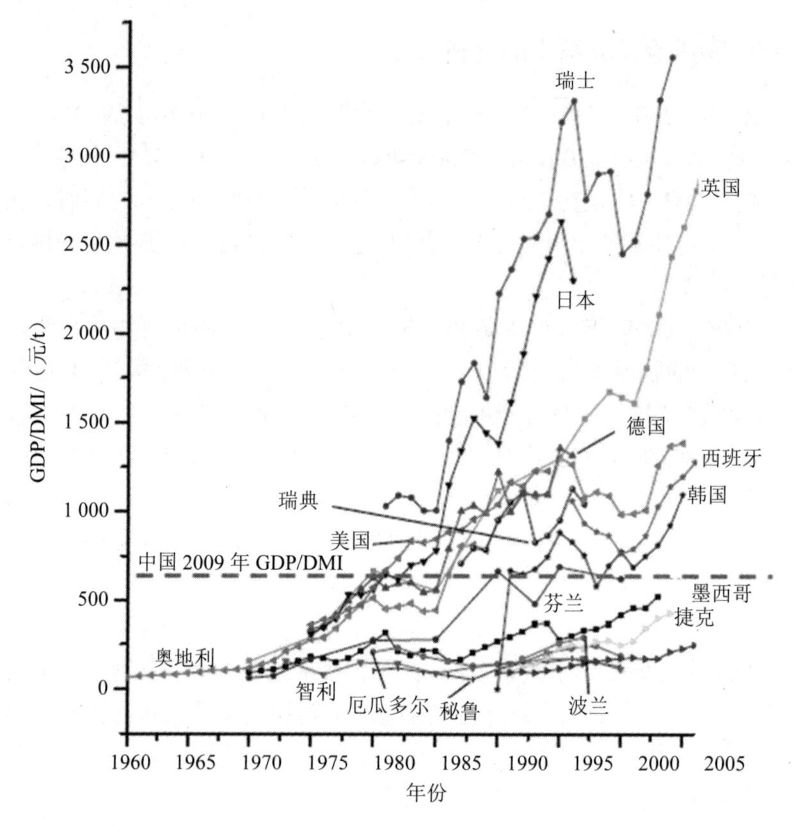

图 3-3 各国 GDP/DMI 水平

总之，我国物质流核算结果及其初步分析表明，综合来看“十一五”期间我国经济发展的物质代谢过程，虽然呈现出一定程度的废物循环利用规模增加和环境污染排放数量下降的趋势，但依靠资源高投入的经济发展整体局面与模式并未得以明显改进。当前，我国本地物质消耗 DMC 已超过 100 亿 t，且资源利用效率较低。如果不能从根本上大幅度提升资源生产力水平，改进经济系统的资源利用效率落后状态，在未来经济增长的驱动下，不仅会加剧物质投入与消耗不断上涨的局面，而且也难以保障持续降低经济系统废物与污染排放对环境的压力，从而制约我国经济又好又快地发展。

第4章 环境质量账户

环境质量按照要素来分，主要包括水环境、大气环境、固体废物和声环境四大类。其中水环境方面，地表水总体为中度污染，759个地表水国控监测断面中，劣V类水质断面比例为20.6%，达到《国家环境保护“十一五”规划》的考核目标；近海海域水质方面，一、二类海水比例为72.9%，自2005年以来，一、二类海水比例呈上升趋势。“十一五”以来，大气环境方面，重点城市环境空气质量逐年改善，主要污染物浓度稳中有降，达标（空气质量好于二级）城市比例呈攀升态势，劣三级空气质量城市由21世纪初的1/3强缩减到2009年的不足2%。

4.1 环境质量账户

从能够基本反映我国环境质量状况、具有比较连续监测数据的环境指标中选取具有代表性的指标，建立环境质量账户，除直接反映环境质量指标外，还反映治理水平，从治理层面体现环境质量变动原因。表4-1为我国的环境质量账户变化趋势，数据反映我国近年来环境质量有所改善，总体趋于好转，但部分指标仍有所波动。

表4-1 环境质量账户变化趋势 单位：%

指标 \ 年份		1998	2005	2006	2007	2008	2009
水环境	全国地表水监测断面劣于V类的比例	37.7	27.0	26.0	23.6	20.8	20.6
	近岸海域水质监测点位劣于Ⅳ类的比例	31.5	18.4	17.0	18.3	12.0	14.4
	工业废水COD去除率	48.3	58.9	60.3	66.2	68.8	75.0
	城镇污水处理率	29.6	52.0	55.7	62.9	70.3	63.3

指标 \ 年份		1998	2005	2006	2007	2008	2009
大气环境	优于Ⅱ级以上城市的比例	27.6	51.9	56.6	69.8	76.8	79.2
	工业废气二氧化硫（SO_2）去除率	18.1[1)]	32.4[2)]	37.4[2)]	44.1[2)]	53.4[2)]	60.6
	工业废气氮氧化物（NO_x）去除率[2)]	—	2.0	2.0	6.52	5.44	5.0
固体废物	工业固体废物综合利用率[2)]	41.7	56.1	60.9	62.8	64.3	67.8
	城镇生活垃圾无害化处理率	60.0	43.3	41.8	49.1	51.9	54.7
声环境	区域声环境质量高于较好水平城市占省控以上城市比例	—	63.8	68.8	72.0	71.7	76.1

注：1）1999 年数据；2）中国环境经济核算结果。

数据来源：中国环境统计年报、全国环境质量年报书和中国城市建设统计年鉴。

4.2 水环境

4.2.1 地表水水质

（1）2009 年，全国地表水总体为中度污染，759 个地表水国控监测断面中，劣Ⅴ类水质断面比例为 20.6%，首次达到《国家环境保护“十一五”规划》目标（＜22%）要求。淮河、海河和辽河流域国控断面高锰酸盐指数（COD_{Mn}）年均浓度呈明显下降趋势。从水质状况来看，七大江河水质持续好转，部分流域污染仍然严重。Ⅰ～Ⅲ类水质断面比例占 57.3%，较 2008 年提高了 2.1 个百分点，较 2005 年提高了 16.1 个百分点，达到《国家环境保护“十一五”规划》目标（＞43%）要求（图 4-1、图 4-2）。

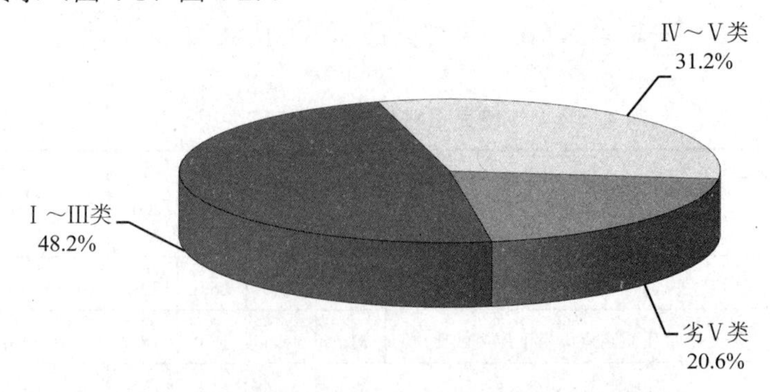

图 4-1　2009 年不同水质比例

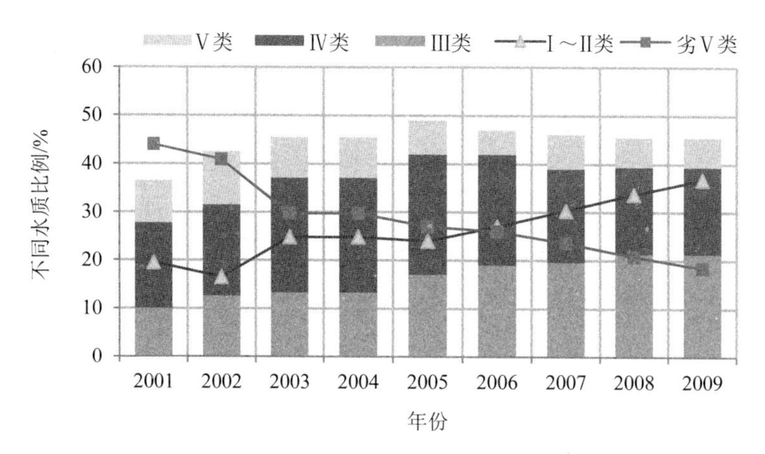

图 4-2　七大江河水质状况（2001—2009 年）

（2）值得注意的是，部分国控断面出现重金属超标现象，云南螳螂川富民大桥、山西汾河河津大桥断面超标超过 10 次，海河水系、辽河水系、西南诸河超标断面比例超过 10%。

（3）湖泊、水库水质状况总体有所好转，2009 年劣 V 类水质比例比 2006 年下降约 15%，与 2003 年持平，反映出“十五”期间水质恶化趋势在“十一五”期间有所扭转。但总体来说 I～III 类水质比例占比依然不高，体升潜力较大，水库水质状况见图 4-3。

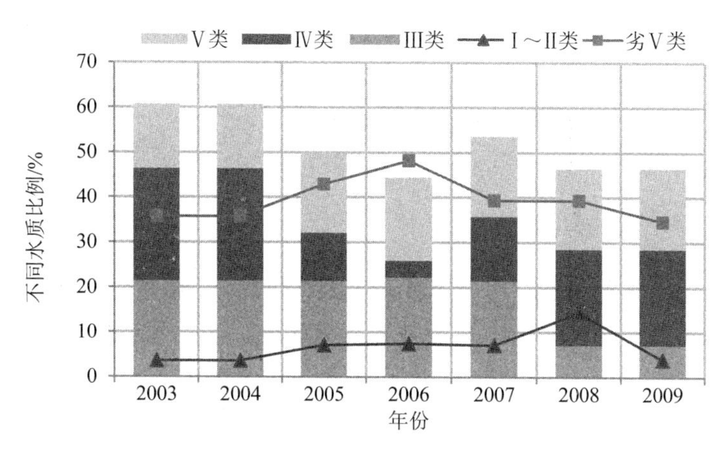

图 4-3　湖泊水库水质状况（2003—2009 年）

4.2.2 近海海域水质

（1）全国近岸海域一、二类海水比例为 72.9%，较 2008 年提高了 2.5 个百分点。自 2005 年以来，一类、二类海水比例呈上升趋势（图 4-4）。

（2）9 个重要海湾中，黄河口和北部湾水质为优，胶州湾、渤海湾、辽东湾和闽江口为中度污染，杭州湾、长江口和珠江口为重度污染。

（3）11 个沿海省份中，江苏、广东、河北、海南、广西、山东一、二类海水比例超过 80%，其中海南一、二类海水比例达到 100%。

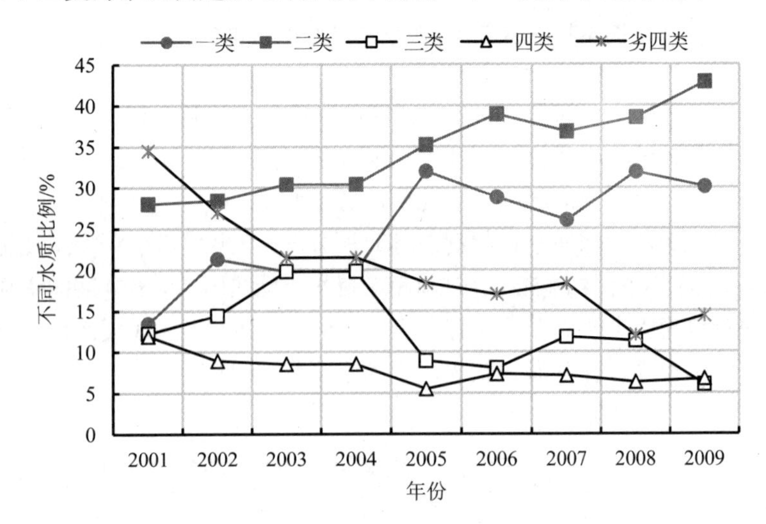

图 4-4　近岸海域水质（2001—2009 年）

4.2.3 经济发展与水资源短缺

（1）10 多年来，水资源总量基本维持平衡，但是随着人口和经济发展的压力日趋加剧，总用水量呈现增长态势，水资源开发利用率也稳步增长，这对地表水水质产生较大压力（图 4-5）。

（2）2006 年以来，用水总量增长幅度逐步趋缓，水资源开发利用率基本保持在 20%左右波动且有突破 25%的趋势。

（3）我国水环境质量不容乐观，水质改善缓慢，究其原因，主要在于以下几个方面。

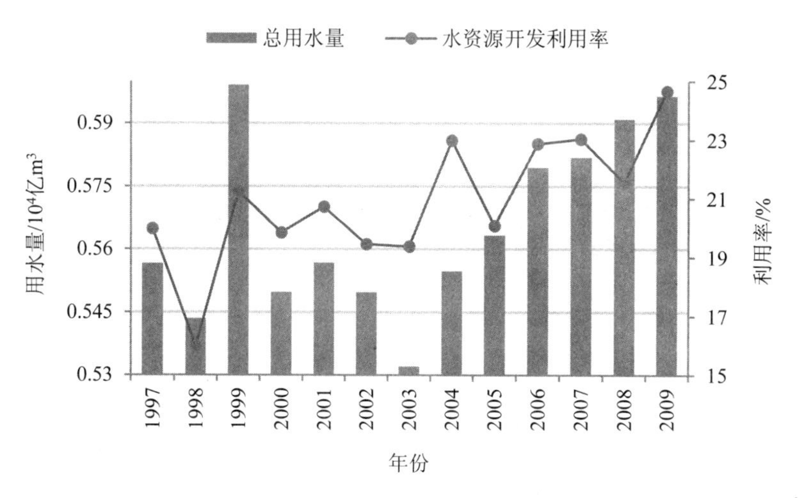

图 4-5　水资源开发利用率（1997—2009 年）

➢　农业面源污染没有得到有效控制：近 30 年来，我国农业化肥施用量节节攀升，超过 5 400 万 t，与此同时，我国耕地面积日渐减少，单位耕地面积化肥施用量逐年增加，到 2009 年年末达到 400 kg/hm²，比 1990 年增长近 48.1%（图 4-6），超过了国际上为防止水体污染而设置的 225 kg/hm² 化肥使用上限。包括化肥在内的农业面源污染对我国本已严峻的地表水质环境形成了严峻的挑战。

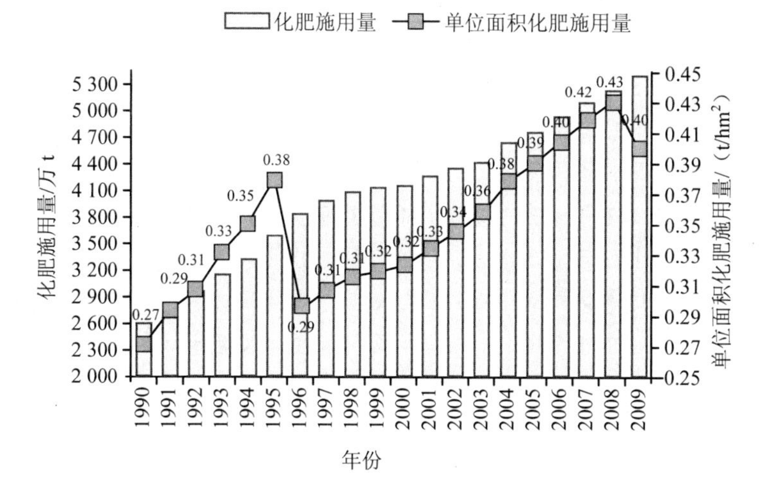

图 4-6　化肥施用量（1990—2009 年）

➢ 工业废水处理效率低下：工业废水中污染物排放量 COD 指标占前 5 位的分别是造纸、化工、纺织、电力热力的生产和农副食品加工，这 5 个行业 COD 去除率除纺织业外，其余 4 个行业的 COD 去除率都在 65%～80%徘徊，重污染行业 COD 去除率低下导致工业废水污染治理效率低下（图 4-7）。

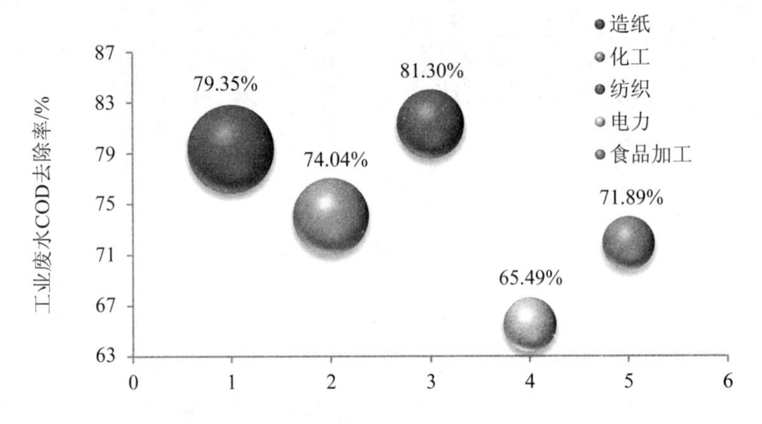

图 4-7　主要废水排放行业 COD 去除率

➢ 城镇生活污水处理能力有待提高：①“十一五”期间，我国城镇污水处理能力大幅提高，大、中城市污染削减贡献大。截至 2009 年年底，全国设市城市、县及部分重点建制镇累计建成城镇污水处理厂由 2003 年的 612 座增加到 1 993 座，总处理能力已超过 1.056 亿 m^3/d，较“十五”末期增长了 1.86 倍。②尽管城镇污水处理设施日趋完善，但我国城镇污水处理依旧显露出诸多问题，如区域发展不平衡导致西部地区污水处理能力不足，给日趋恶化的水环境形成不小的压力；局部地区污水收集管网难以配套，掣肘污水处理厂运转效率的提高；监管制度、管理水平、规划设计等人为缺陷的短板效应；主要城市（省会城市和计划单列市）目前的污水处理率和废水处理设施正常运转率情况还不尽如人意（图 4-8）。

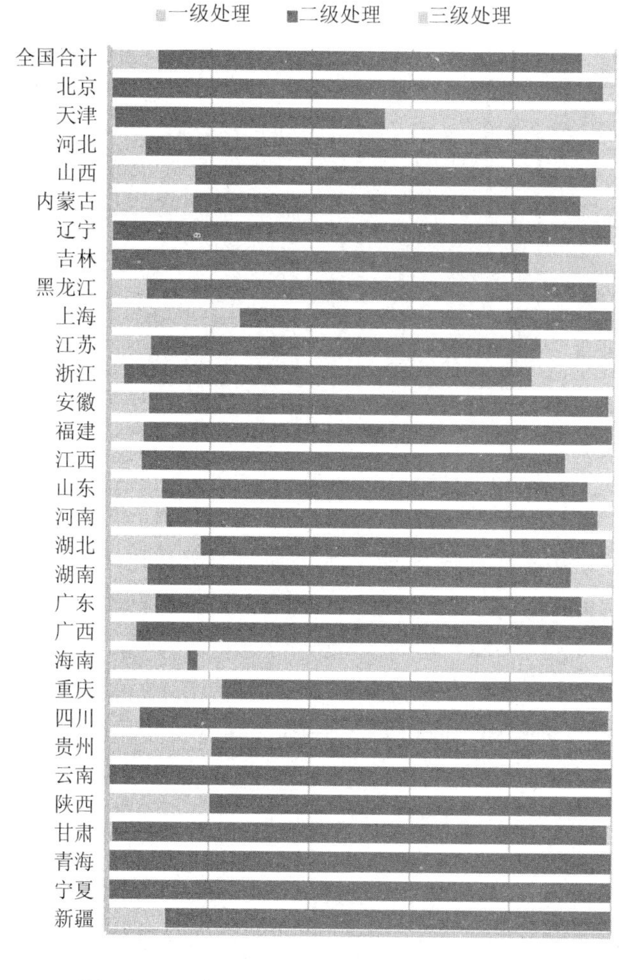

图 4-8 30 个省（市、区）城镇污水处理能力

4.3 大气环境

城市大气质量

（1）“十一五”时期以来，重点城市环境空气质量逐年改善，主要污染物浓度稳中有降，达标（空气质量好于二级）城市比例呈攀升态势，劣三级空气质量城市由 21 世纪初的 1/3 强缩减到 2009 年的不足 2%（图 4-9）。

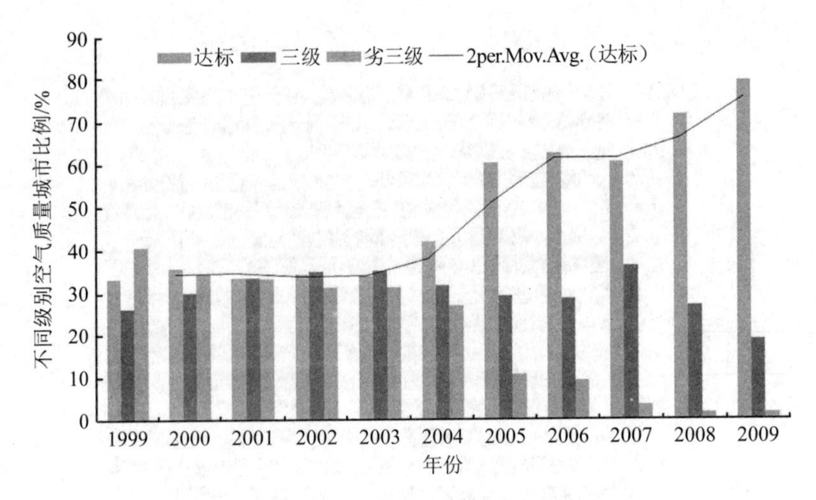

图 4-9　不同级别空气质量城市的比例变化情况

（2）2009 年，重点城市中 16 个城市 SO_2 年均质量浓度达到一级标准，占 14.2%，与 2008 年相比，年均质量浓度下降的城市占 72.6%。113 个重点城市的 NO_2 年均质量浓度均达到二级标准，与 2008 年相比，年均质量浓度下降的城市占 49.6%。

（3）重点城市中仅海口和三亚 PM_{10} 年均质量浓度达到一级标准，与 2008 年相比，年均质量浓度下降的城市占 67.3%。我国城市空气质量形势依然严峻，污染排放负荷较重。

（4）与人体健康关系较大的指标 PM_{10} 年均质量浓度距离世界卫生组织推荐的健康阈值 0.015 mg/m^3 差距明显。2009 年，经人口加权后的 PM_{10} 年均质量浓度呈现小幅上升趋势（图 4-10）。

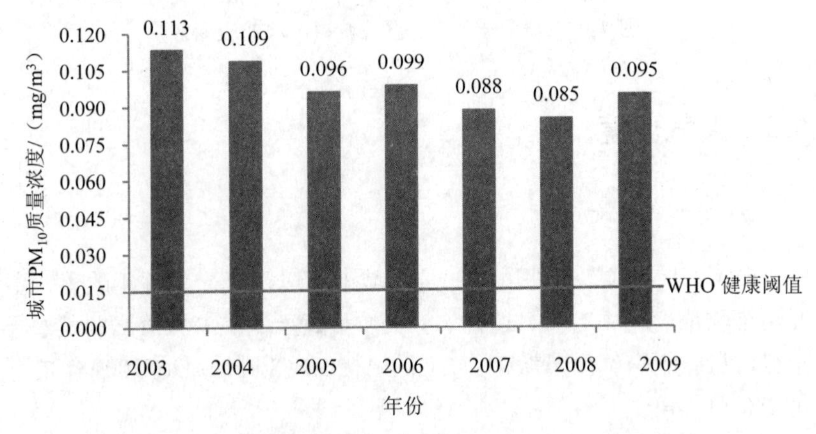

图 4-10　经人口加权的全国平均城市 PM_{10} 质量浓度

（5）全国 PM_{10} 仅 6.8%左右城市达到一级标准，且北方城市质量浓度普遍高于南方。北方 PM_{10} 质量浓度大于 0.07 mg/m^3 的城市占监测城市的比重为 75%，南方城市这一比例为 49%（图 4-11、图 4-12）。

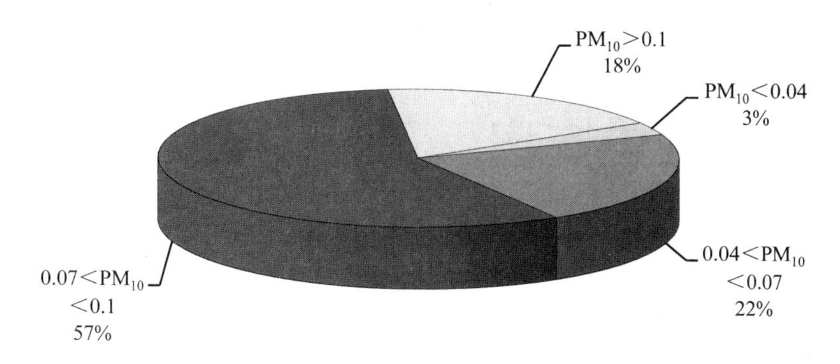

图 4-11　2009 年我国北方不同 PM_{10} 质量浓度比例

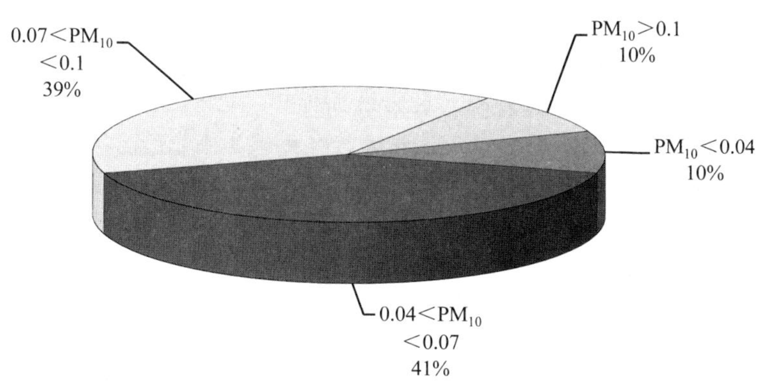

图 4-12　2009 年我国南方不同 PM_{10} 质量浓度比例

（6）我国大气环境质量呈现自南向北逐步趋差的空间格局。2009 年，我国南方地区城市 PM_{10} 平均质量浓度为 0.069 mg/m^3，北方地区城市 PM_{10} 平均质量浓度为 0.085 mg/m^3，我国南方地区空气质量优于北方地区，PM_{10} 达到国家二级标准的城市数量比重高于北方地区。2009 年未达标城市共计 101 个，74%的未达标城市位于我国北方地区。

第5章 环境保护支出

环境保护支出包括工业污染源治理、城市环境建设直接相关的用于形成固定资产的资金投入、治理设施运行费用以及各级政府的环境管理方面的支出。其中，各级政府环境管理方面投入的数据获取困难，本书的环保支出只包括环保投资、运行费用两部分。根据目前环境保护投资的统计口径，环境保护投资主要包括3个方面：①城市环境基础设施建设投资；②工业污染源治理投资；③建设项目“三同时”环境保护投资。环境保护运行费用是指进行环境保护活动或维持污染治理运行所发生的经常性费用，包括设备折旧、能源消耗、设备维修、人员工资、管理费、药剂费及设施运行有关的其他费用，以及企业交纳的环境保护税费。

5.1 环境保护支出账户

（1）2009年环境保护资金共计支出8 297.9亿元，GDP环保支出指数为2.4%。其中，环保投资4 525.2亿元，占环境保护支出总资金的54.5%；环境保护运行费用3 772.7亿元，占环境保护支出总资金的45.5%。

（2）在2009年的环境保护运行费用中，治理设施的运行费用为3 261.9亿元，环境保护税费510.8亿元，分别占总运行费用的86.5%和13.5%。

（3）在治理设施的运行费中，企业因生产活动而支出的污染治理设施运行费用，即内部环境保护支出为3 261.9亿元，是城市污水处理和垃圾处理等外部环境保护活动的5.2倍。在内部环保支出中，第二产业是环保支出最大的产业（表5-1）。

表 5-1 2009 年按活动主体分的环境保护支出核算表 单位：亿元

核算对象 \ 核算主体	外部环境保护				内部环境保护				总计
	城市污水处理	城市垃圾处理	其他外部环保活动	合计	第一产业	第二产业	第三产业	产业总计	
运行费用（中间消耗和工资等）	219.4	114.3	294.0	627.7	166.0	1 722.6	45.6	2 634.2	3 261.9
资源税									338.2
排污费等									172.6
运行费用合计	—	—	—	—	—	—	—	—	3 772.7
投资性支出	—	—	—	2 512.0	—	—	—	2 013.2	4 525.2
环境保护支出总计	—	—	—	—	—	—	—	—	8 297.9

注：1）按活动主体分的中间消耗和工资等运行费的数据根据核算得到；2）资源税和排污费数据仅列出合计数据；3）外部环境保护的投资性支出数据为环境统计年报中的城市环境基础设施建设投资，内部环境保护的投资性支出数据为环境统计年报中的工业污染源治理投资和建设项目“三同时”环保投资之和。

5.2 环保治理投资

（1）为改善我国环境质量，提升环境保护管理水平，环境污染治理的资金投入逐年递增，而且增幅也不断提高，环保财源保障能力不断增强。据不完全统计，1973—1981 年，国家财政共安排污染治理资金 5.04 亿元，约占同期 GDP 的 0.51%，与环保投资需求有较大差距。

（2）改革开放以来，环保投资绝对量逐年增加。“七五”期间全国环保投资 476.4 亿元，“八五”期间达到 1 306.6 亿元，是“七五”期间的 2.7 倍；而“九五”期间的投资又是“八五”期间的 2.7 倍，达到 3 516.4 亿元。1999 年环保投资占同期 GDP 比例首次突破 1.0%，“十五”期间环境保护投资达到了 8 399.1 亿元，占同期 GDP 的比例为 1.31%。根据“十一五”环境保护规划，全国“十一五”期间环保投资预期 15 300 亿元（约占同期 GDP 的 1.4%）。2006—2009 年，环保共投资 14 968.2 亿元，占预期投资的 97.8%。其中，2009 年环境污染治理投资总额达 4 525.2 亿元，占同期 GDP 的 1.3%（图 5-1）。

（3）随着环保投入的增长，环境污染治理能力和环保设施的治理运行费用也不断提高。根据核算结果，2009 年环境污染实际治理成本共计 3 267.6 亿元，其中废水治理 1 083.2 亿元、废气治理 1 853.9 亿元、固体废物治理 330.5 亿元。畜禽养殖、农村生活、工业固体废物的实际治理成本分别为 160.6 亿元、5.4 亿元和 216.2 亿元。

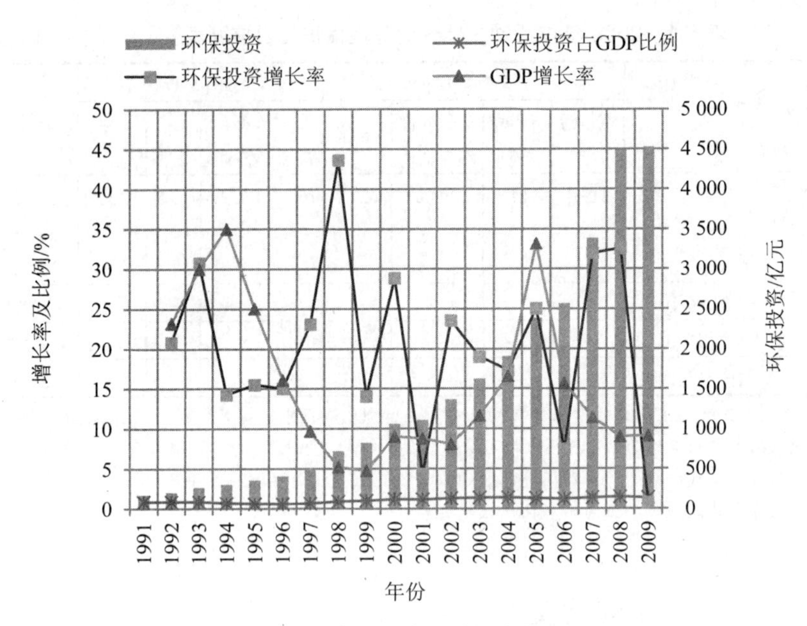

图 5-1　中国环境保护投资状况

（4）2009 年，工业废水、废气、危险废物和城镇生活污水 4 项有实际统计数据的污染治理运行费用合计达到 1 604 亿元，是 1991 年 34 亿元的近 47 倍。其中，工业废水所占比例从 2001 年的 58.9%降低到 2009 年的 29.8%，城镇生活污水所占比例相应从 7.1%提高到 13.7%，城镇生活污水处理能力明显提高；工业废气所占比例上升较快，特别是近年随着工业 SO_2 治理能力的提高，从 2005 年的 40.2%上升到 2009 年的 54.5%（图 5-2）。

（5）虽然我国环境保护投资在大幅增加，环境保护的资金保障能力不断增强，但环境保护投资占 GDP 的比重仍然较低。世界银行的研究显示，一个国家只有当它的环境治理投资占 GDP 的比重达到 1.5%～2.0%，环境污染才有可能得到治理；而当其环境治理投资比重达到 2%～3%，其环境质量才能得到改善。发达国家在进行环境污染治理时，其环境污染治理投资占 GDP 的比重基本在 1.5%～2.0%。如 1995 年，德国的环境污染治理投资占 GDP 的比重就达到 2%，日本自 1990 年，环境治理投资占 GDP 的比重就在 1.5%～2.0%。我国的各种环境问题层出不穷，仍需加大对环境保护的投资力度。

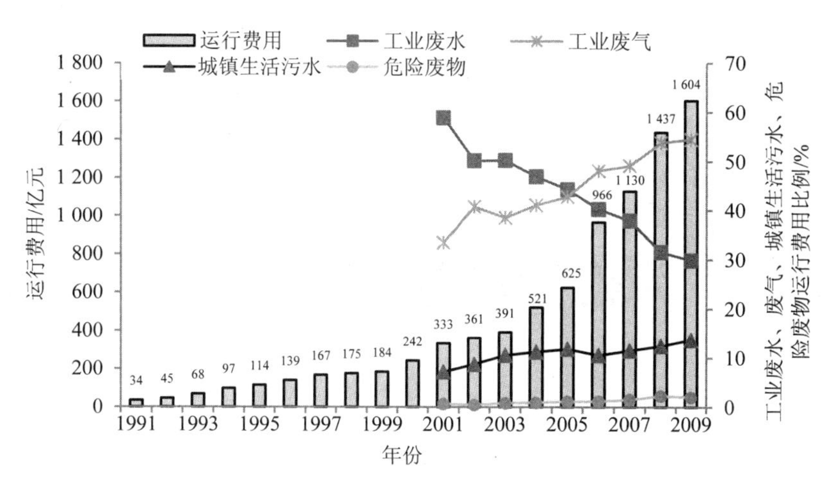

图 5-2　我国工业废水、废气治理设施和城镇生活污水处理设施运行费用

专栏 5.1　环境污染治理成本核算

污染治理成本法核算的环境价值包括两部分：①环境污染实际治理成本；②环境污染虚拟治理成本，GDP 污染扣减指数是指虚拟治理成本占 GDP 的比例。污染**实际治理成本**是指目前已经发生的治理成本，包括畜禽养殖、工业和集中式污染治理设施实际运行发生的成本。其中，工业废水、废气和城镇生活污水的实际污染治理成本采用统计数据，畜禽废水、工业固体废物、城市生活垃圾和生活废气的实际治理成本利用模型计算获得。**虚拟治理成本**是指目前排放到环境中的污染物按照现行的治理技术和水平全部治理所需要的支出。治理成本法核算虚拟治理成本的思路是：假设所有污染物都得到治理，则当年的环境退化不会发生。从数值上看，虚拟治理成本可以认为是环境退化价值的一种下限核算。治理成本按部门和地区进行核算。

第 6 章 GDP 污染扣减指数核算

2009 年，我国虚拟治理成本为 5 470.8 亿元，相对 2004 年增加了 90.3%，增速小于实际治理成本。2009 年我国行业合计 GDP（生产法）为 36.4 万亿元，比 2008 年增加 21%，虚拟治理成本为 5 470.8 亿元，比上年增加 9.9%。2009 年 GDP 污染扣减指数为 1.5%，即虚拟治理成本占全国 GDP 的比例约为 1.5%，比 2008 年下降 0.2 个百分点。

6.1 治理成本核算

我国环境污染实际治理成本从2004年的1 005.3亿元上升到2009年的 3 267.6 亿元，增加了 2.3 倍，在一定程度上说明我国环境污染治理成效显著。2009 年，我国虚拟治理成本为 5 470.8 亿元，相对 2004 年增加了 90.3%，增速小于实际治理成本。但虚拟治理成本绝对量仍然大于实际治理成本，说明污染治理缺口仍较大。

6.1.1 水污染治理缺口较大

2009 年我国废水虚拟治理成本为 2 993.8 亿元，是实际治理成本的 3 倍；废气虚拟治理成本为 2 018.7 亿元，是实际治理成本的 1.1 倍；固体废物的虚拟治理成本为 133.8 亿元，是实际治理成本的 0.4 倍。

近年来大气污染是我国治理的重点，大气污染的实际治理成本从 2004 年的 479.2 亿元上升到 2009 年的 1 853.9 亿元，增加了 2.9 倍；2009 年，废水的治理力度较大，实际治理成本比 2008 年增加了 38%，但水污染治理缺口相对较大，应加大水污染治理的投资（图 6-1）。

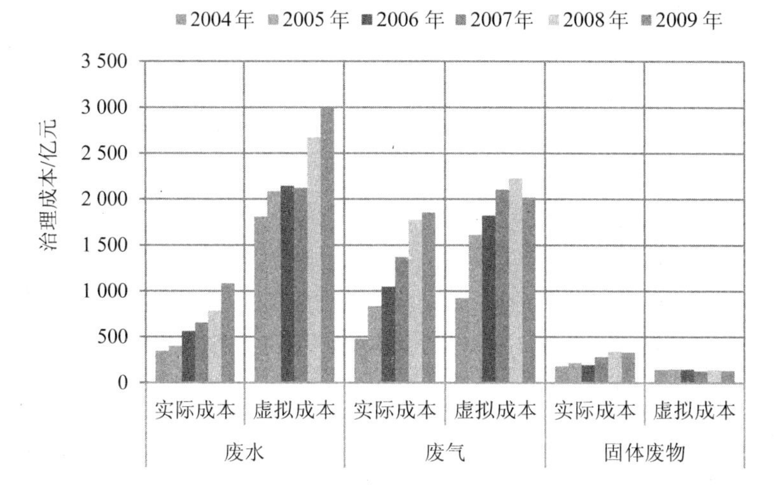

图 6-1 2004—2009 年废水、废气和固体废物污染治理成本

6.1.2 行业治理成本分析

2009 年，第一产业、第二产业以及第三产业和生活的合计污染治理成本分别为 1 276.6 亿元、4 174.9 亿元、2 962.2 亿元，第二产业最高。其中，第一产业、第二产业、第三产业和生活的虚拟治理成本分别为 1 110.7 亿元、2 452.3 亿元、1 907.8 亿元，分别是其实际治理成本的 6.7 倍、1.4 倍、1.1 倍，第一产业的污染物治理缺口最大（图 6-2）。

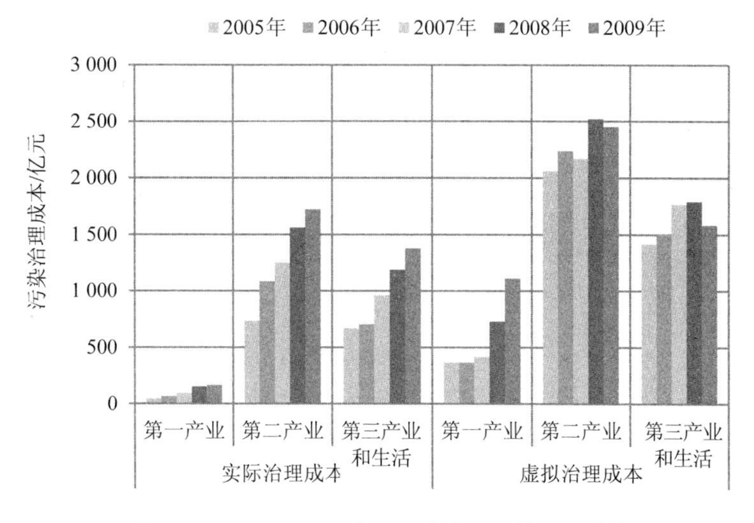

图 6-2 2005—2009 年不同产业的污染治理成本

我国环境污染治理重点主要集聚在电力生产、造纸、黑色冶金、化工、纺织等 10 个行业。这 10 个行业的污染治理成本占总治理成本的比重由 2005 年的 78%上升到 2008 年的 81.5%，其中，实际治理成本由 72%上升到 78%，虚拟治理成本从 79%上升到 83.6%。

电力生产是污染治理成本最高的行业。2009 年，电力生产的实际治理成本为 590 亿元，比 2008 年增加 22%，虚拟治理成本为 690.7 亿元，与 2008 年持平（图 6-3）。电力行业实际治理成本和虚拟治理成本都远高于其他行业。电力行业的脱硫能力近年大幅提高，但由于氮氧化物的治理水平仍然较低，其虚拟治理成本仍然处于高位。

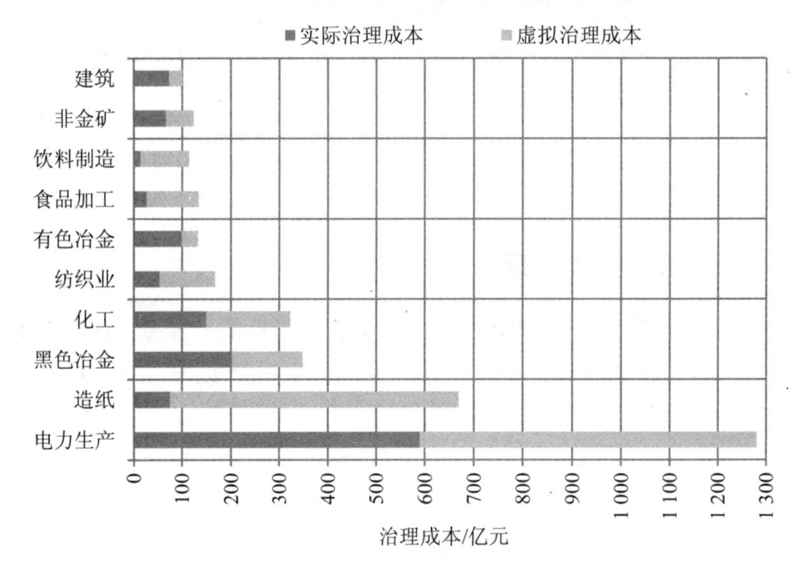

图 6-3　2009 年主要污染行业的治理成本

水污染的主要排放行业中，除石化和黑色冶金的实际治理成本大于虚拟治理成本外，其他行业实际治理成本都远小于虚拟治理成本，尤其作为我国废水排放大户的造纸业，其实际治理成本仅是虚拟治理成本的 12%。

造纸、饮料制造、食品加工和皮革是污染治理欠账最多的行业。这 4 个行业的虚拟治理成本分别为 577.2 亿元、97.5 亿元、101.1 亿元和 30.4 亿元，分别是实际治理成本的 8.7 倍、8.5 倍、4.4 倍、4.8 倍（图 6-4）。

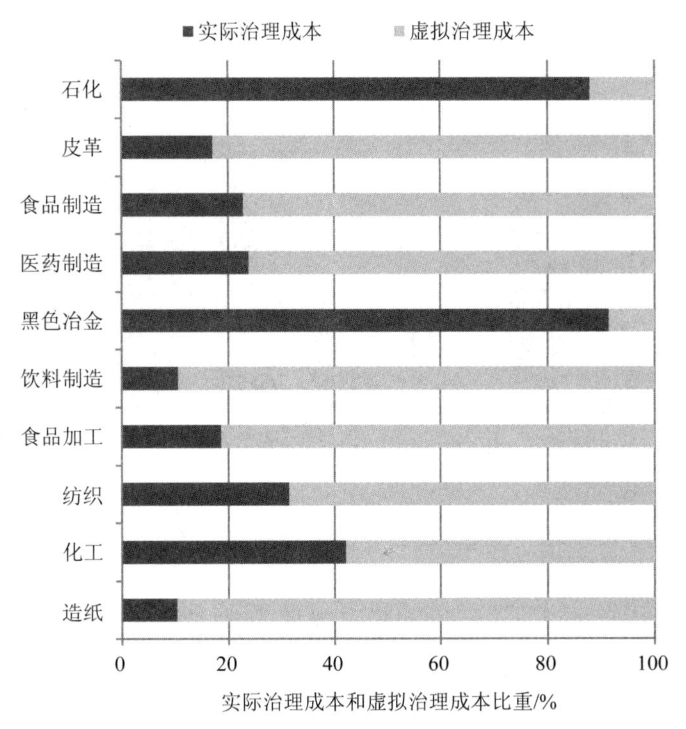

图 6-4　2009 年主要水污染行业实际治理成本和虚拟治理成本比重

6.1.3　区域治理成本分析

（1）东部地区污染治理成本高。2009 年，东部地区的实际治理成本和虚拟治理成本分别为 1 701.6 亿元和 1 955.1 亿元，中部地区分别为 711.1 亿元和 1 624.6 亿元，西部地区为 854.9 亿元和 1 566.6 亿元。东部地区实际污染治理成本占总污染治理成本的比重为 52.1%，实际污染治理成本最高。中部地区的污染治理缺口大，中部地区虚拟治理成本是实际治理成本的 2.3 倍。西部地区实际治理成本增速较快。西部地区的实际治理成本从 2005 年的 286.1 亿元上升到 2009 年的 854.9 亿元，增加了近 2 倍。西部地区实际治理成本占全部实际治理成本的比重也由 2005 年的 19.6%上升到 2008 年的 26.2%（图 6-5）。

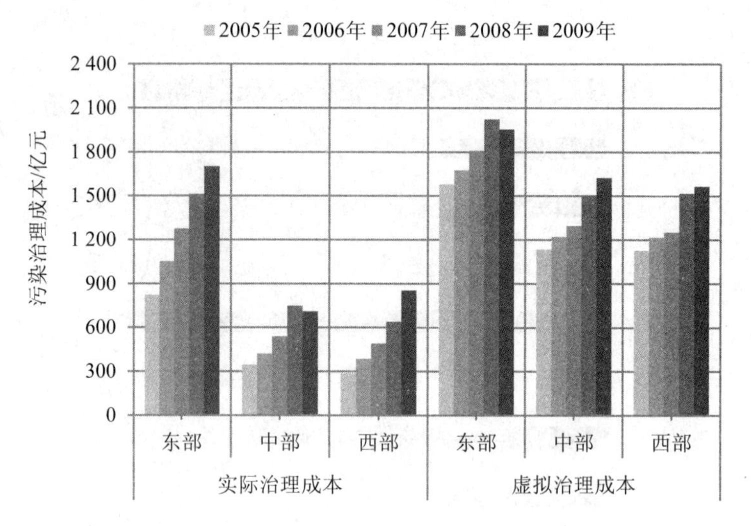

图 6-5 2005—2009 年不同区域的污染治理成本

（2）山东、河北、广东、江苏、河南位列总污染治理成本的前 5 位。2009 年这 5 个省份的污染治理成本合计 2 687.3 亿元，占总污染治理成本的 31.9%，其中，实际治理成本占总实际治理成本的 33%。天津、宁夏、青海、海南、西藏是我国污染治理成本最低的 5 个省份，其合计污染治理成本为 332.9 亿元，占总污染治理成本的 4%。青海、广西、西藏、湖南、陕西等省份是我国污染治理成本缺口最大的省份，其虚拟治理成本是实际治理成本的 7.1 倍、5.5 倍、5.1 倍、4.3 倍、2.7 倍，这些省份的污染治理投入需进一步加大（图 6-6）。

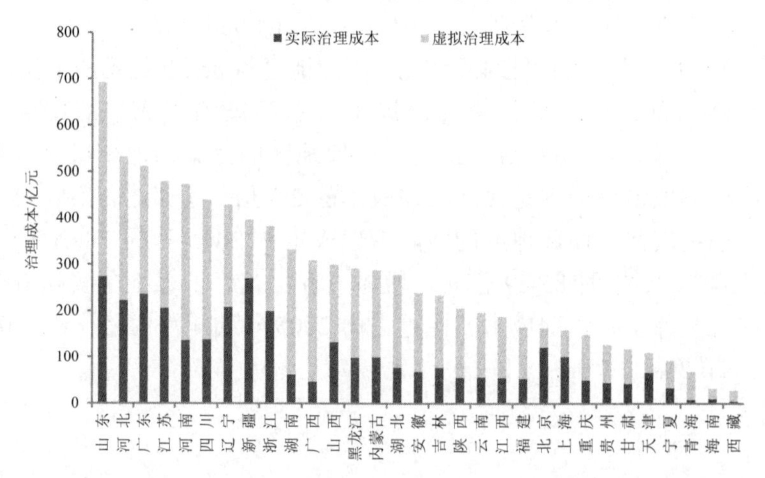

图 6-6 2009 年各省、市、自治区实际治理成本和虚拟治理成本

6.2 GDP 污染扣减指数

2009 年，我国行业合计 GDP（生产法）为 36.4 万亿元，比 2008 年增加 21%。虚拟治理成本为 5 470.8 亿元，比上年增加 9.9%。2009 年 GDP 污染扣减指数为 1.5%，即虚拟治理成本占全国 GDP 的比例约为 1.5%，比 2008 年下降 0.2 个百分点。2006—2009 年的污染扣减指数呈逐年下降趋势，说明我国“十一五”期间污染减排政策取得一定成效。

6.2.1 产业和行业污染扣减指数对比

2009 年，第一产业虚拟治理成本为 1 110.7 亿元，扣减指数为 3.15%；第二产业虚拟治理成本为 2 452.3 亿元，扣减指数为 1.35%；第三产业虚拟治理成本为 1 907.8 亿元，扣减指数为 1.29%。第二产业和第三产业的污染扣减指数都有下降趋势，其中，第二产业的污染扣减指数从 2005 年的 2.4%下降到 2009 年的 1.35%，第三产业的污染扣减指数从 2005 年的 1.9%下降到 2009 年的 1.29%。第一产业污染扣减指数自 2008 年出现较大增幅，主要是由于核算方法发生改变（图 6-7）。

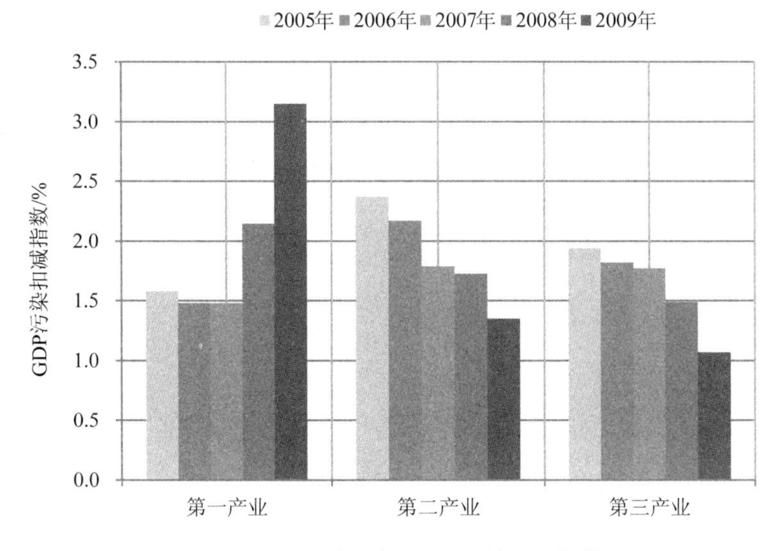

图 6-7 不同产业的 GDP 污染扣减指数

6.2.2 区域污染扣减指数对比

（1）东部、中部和西部地区的污染扣减指数都有下降趋势。东部地区污染扣减指数从 2005 年的 1.3%下降到 2009 年的 0.92%，中部地区从 2005 年的 2.4%下降到 2009 年的 1.88%，西部地区从 2005 年的 3.4%下降到 2009 年的 2.3%，说明近年来西部地区污染治理支出有较快增长。西部地区的污染扣减指数高于中部地区和东部地区。2009 年，西部地区的污染扣减指数为 2.3%，中部地区为 1.88%，东部地区为 0.92%，说明西部地区的污染治理投入需求相对其经济总量较东中部地区更大，需要给予西部地区更多的环境财政政策优惠（图 6-8）。

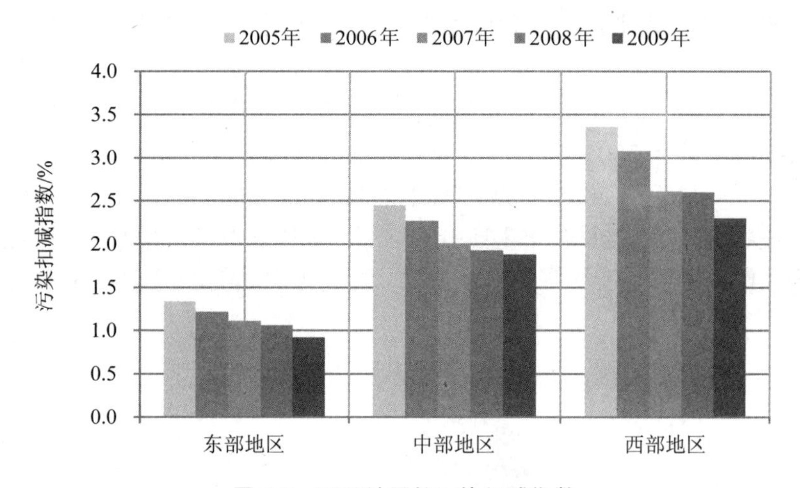

图 6-8　不同地区的污染扣减指数

（2）具体分析各省、市、自治区的污染扣减指数发现，污染扣减指数小的省份是北京（0.34%）、上海（0.38%）、天津（0.58%）、广东（0.7%）、江苏（0.79%）、浙江（0.8%）。与 2008 年相比，这些省份的污染扣减指数都呈不同程度的下降。虽然这些东部省份的虚拟治理成本绝对量相对较高，但因其经济发展水平高，使得其污染扣减指数相对较低。青海（5.6%）、西藏（5.4%）、宁夏（4.4%）、广西（3.4%）、新疆（3%）、云南（2.3%）、山西（2.3%）、黑龙江（2.2%）、甘肃（2.2%）等省份的污染扣减（图 6-9）。

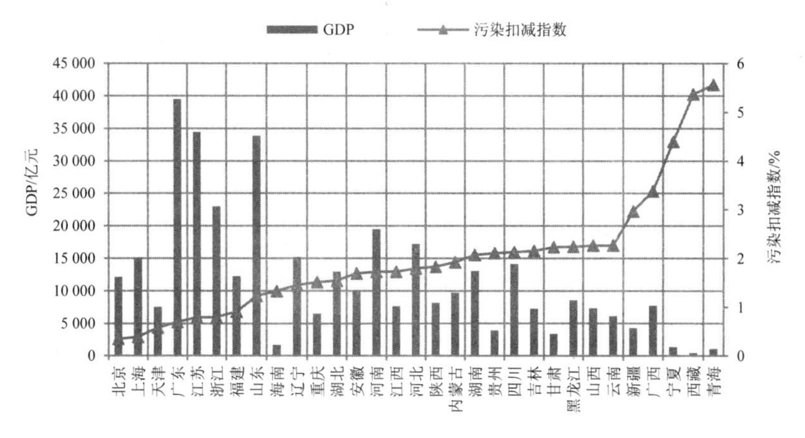

图 6-9　各省（市、区）GDP 与污染扣减指数

（3）2009 年，污染扣减指数最高的 4 个行业是造纸业、电力生产业、化学纤维制造和饮料制造业，其污染扣减指数分别为 26.1%、6.2%、3.7%和 3.6%。与 2008 年相比，这些行业的污染扣减指数有所下降，但其经济与环境效益比仍然较低，需重点治理。污染扣减指数增幅最低的行业是烟草制品业，扣减指数为 0.027%；其次为自来水生产业、电气机械业、印刷业和仪器仪表，扣减指数分别为 0.045%、0.053%、0.056%和 0.062%。其中，电子通信与机械行业的经济与环境效益比高，环境污染程度相对较小，属于绿色产业（图 6-10）。

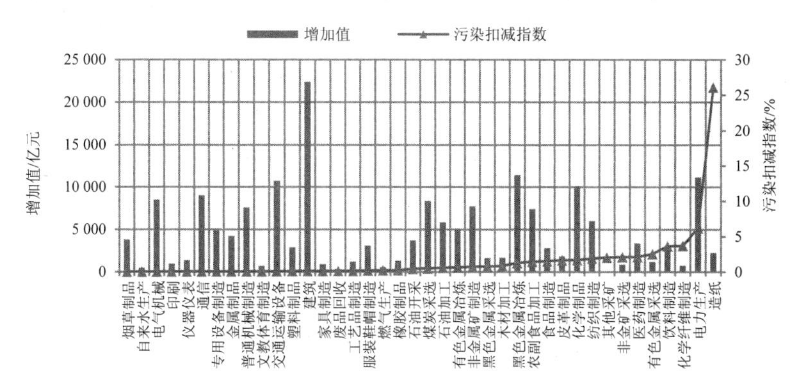

图 6-10　工业行业增加值及其污染扣减指数

第 7 章

GDP 环境退化指数核算

2009 年，我国环境退化成本为 9 701.1 亿元，占我国 GDP 比值的 2.65%。在环境退化成本中，水污染、大气污染、固废污染和污染事故造成的环境退化成本分别为 4 310.9 亿元、5 197.6 亿元、136.6 亿元、56 亿元，分别占总退化成本的 44.4%、53.6%、1.4%、0.6%。生态破坏方面，2009 年全国的生态破坏损失为 4 215.2 亿元，其中森林、草地、湿地生态系统破坏以及矿产开发造成的地下水流失与地质灾害的生态破坏损失分别为 1 208.4 亿元、1 551.1 亿元、1 227.6 亿元和 228.1 亿元。

7.1　环境退化成本核算

2009 年，利用污染损失法核算的环境退化成本为 9 701.1 亿元，占地区合计 GDP 的 2.65%，即 2009 年的 GDP 环境退化指数为 2.65%。在环境退化成本中，水污染、大气污染、固体废物污染和污染事故造成的环境退化成本分别为 4 310.9 亿元、5 197.6 亿元、136.6 亿元、56 亿元，分别占总退化成本的 44.4%、53.6%、1.4%、0.6%（图 7-1）。

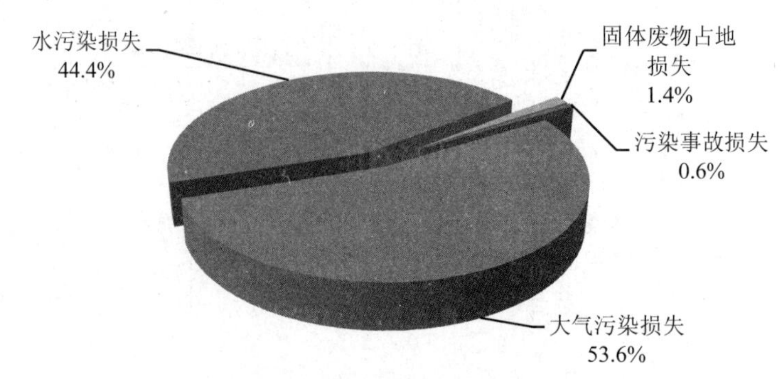

图 7-1　各类环境退化成本占比

专栏 7.1 环境退化成本核算

环境退化成本又被称为污染损失成本，它是指在目前的治理水平下，生产和消费过程中所排放的污染物对环境功能、人体健康、作物产量等造成的实际损害，这些损害需采用一定的定价技术，如人力资本法、直接市场价值法、替代费用法等环境价值评价方法来进行评估，计算得出相应的环境退化价值。与治理成本法相比，基于损害的污染损失估价方法更具合理性，是对污染损失成本更加科学和客观的评价。环境退化成本仅按地区核算。

在本核算体系框架下，环境退化成本按污染介质来分，包括大气污染、水污染和固体废物污染造成的经济损失；按污染危害终端来分，包括人体健康经济损失、工农业（种植业、林牧渔业）生产经济损失、水资源经济损失、材料经济损失、土地丧失生产力引起的经济损失和对生活造成影响的经济损失。

7.1.1 水环境退化成本

2009 年，水污染造成的环境退化成本为 4 310.9 亿元，占总环境退化成本的 44.4%，GDP 水环境退化指数为 1.4%，比上年增加 0.1 个百分点；其中，水污染对农村居民健康造成的损失为 245.1 亿元，污染型缺水造成的损失为 2 513.4 亿元，水污染造成的工业用水额外治理成本为 430.5 亿元，水污染对农业生产造成的损失为 675.8 亿元，水污染造成的城市生活用水额外治理和防护成本为 446.1 亿元。

2009 年，东部、中部、西部 3 个地区的水环境退化成本分别为 2 014.3 亿元、1 060.6 亿元和 1 236 亿元，分别比上年增加 1.9%、4.1% 和 11.5%，西部地区的环境退化成本增幅较大。东部地区的水环境退化成本最高，约占废水总环境退化成本的 47%，占东部地区 GDP 的 0.95%；中部和西部地区的水环境退化成本分别占废水总环境退化成本的 24.6%和 28.7%，占地区 GDP 的 1.23%和 1.85%，东部、中部、西部地区水环境退化成本占地区 GDP 的比例比上年略有下降，分别下降 0.08%、0.08%和 0.06%。

7.1.2 大气环境退化成本

2009 年，大气污染造成的环境退化成本为 5 197.6 亿元，占总环境退化成本的 53.6%，GDP 大气环境退化指数为 1.4%。大气污染对健康的危害是最值得关注的，据世界卫生组织（WHO）估计，全球每年有近 300 万人死于大气污染相关疾病，约占全球年死亡总数的 5%。2009 年，我国大气污染造成的城市居民健康损失为 3 658.1 亿元，占总大气环境退化成本的 70.4%；农业减产损失为 778.9 亿元，材料损失为 158.3 亿元，造成的额外清洁费用为 602.3 亿元，除材料损失外其他各项损失均较上年有所增加。值得注意的是，与 SO_2 和酸雨关系较大的农业减产损失较上年增加了 20%。

2009 年，东部、中部、西部 3 个地区的大气环境退化成本分别为 2 917.5 亿元、1 269.5 亿元和 1 010.6 亿元。大气环境退化成本最高的仍然是东部地区，占大气总环境退化成本的 56.1%，占东部地区 GDP 的 1.4%；中部和西部地区的大气环境退化成本分别占大气总环境退化成本的 24.5%和 19.4%，这两个地区的大气环境退化成本分别占地区 GDP 的 1.5%和 1.5%。大气环境退化成本占地区 GDP 的比例为 1.4%，与上年持平。

7.1.3 固体废物污染损失成本

2009 年，全国工业固体废物侵占土地约新增 7 414.8 万 m^2，比上年减少 4.5%，丧失土地的机会成本约为 87.2 亿元。生活垃圾侵占土地约新增 2 509.4 万 m^2，基本与上年持平，丧失的土地机会成本约为 49.4 亿元。两项合计，2009 年全国固体废物污染造成的环境退化成本为 136.6 亿元，占总环境退化成本的 1.4%，占当年地区合计 GDP 的 0.04%。

2009 年，东部、中部、西部 3 个地区的固体废物环境退化成本分别为 50 亿元、41.8 亿元和 44.8 亿元，因固体废物占用土地的单位价值核算方法有所改进，导致固体废物环境退化成本较上年都有所上升。东、中、西部地区固体废物环境退化成本分别占总固体废物环境退化成本的 36.6%、30.6%和 32.8%。

7.2 生态破坏损失

生态系统一般具有三大类功能，即生活与生产物质的提供（如食物、木材、燃料、工业原料、药品等)、生命支持系统的维持（如生物多样性、气候调节、水土保持等）以及精神生活的享受（如登山、野游、渔猎、漂流等）。本书所指生态服务功能仅包括第一类和第二类中的重要功能，并根据森林、草地和湿地的主要生态功能分别选择了对其最重要和典型的服务功能进行核算（表 7-1）。

表 7-1　生态破坏损失核算框架

	生产有机物质	调节大气	涵养水源	水分调节	水土保持	营养物质循环	净化污染	野生生物栖息地	干扰调节
森林	√	√				√	√	√	
湿地	√	√	√	√	√	√	√	√	√
草地	√	√	√		√	√			
耕地	×	×	×		×	×			
海洋	×	×		×		×	×	×	×

注：√表示已核算项目；×表示未核算项目。

核算结果表明，2009 年全国的生态破坏损失为 4 215.2 亿元，其中森林、草地、湿地生态系统破坏以及矿产开发造成的地下水流失与地质灾害的生态破坏损失分别为 1 208.4 亿元、1 551.1 亿元、1 227.6 亿元和 228.1 亿元，生态破坏损失占地区合计 GDP 的 1.15%（图 7-2）。

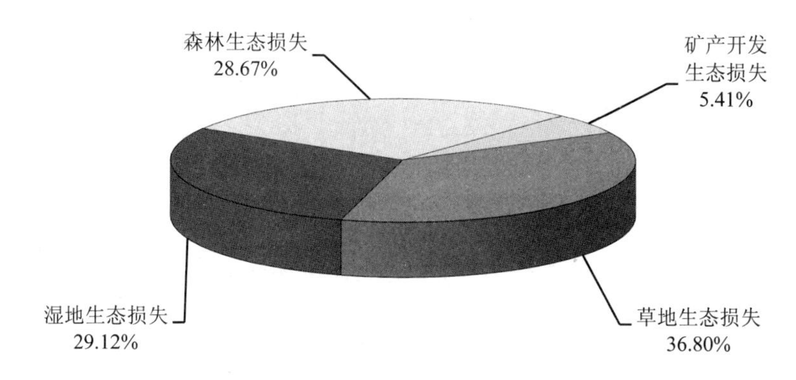

图 7-2　各类生态破坏损失成本占比

7.2.1 森林生态破坏损失

我国森林资源长期存在数量增长与质量下降并存、森林生态系统趋于简单、生态功能衰退、森林生态系统调节能力下降等不同程度的问题。在人类活动的干扰下，森林资源的非正常耗减所造成的生态服务功能下降，包括森林资源非正常耗减带来的森林生态系统服务功能退化损失以及为防止森林生态退化的支出两部分。由于缺乏数据，本书仅对前者的损失进行了核算。这里所指的森林资源包括常绿针叶林、常绿阔叶林、落叶针叶林、落叶阔叶林等多种类型（这里主要是指乔木树种构成，郁闭度 0.2 以上的林地或冠幅宽度 10 m 以上的林带，不包括灌木林地和疏林地）。

根据核算结果，2009 年森林生态破坏损失达到 1 208.4 亿元，占 2009 年全国 GDP 的 0.35%，其中针叶林生态破坏损失达到 565.7 亿元，阔叶林生态破坏损失达到 642.7 亿元。从损失的各项功能来看，生产有机质、固碳释氧、涵养水源、保持水土、营养物质循环、生物多样性保护、净化空气等森林资源的各项生态功能破坏损失分别为 44.5 亿元、83.6 亿元、34.3 亿元、72.6 亿元、30.8 亿元、679.8 亿元、262.8 亿元。其中，生物多样性保护功能丧失所造成的破坏损失最大，超过其他各项生态功能损失之和（图 7-3）。

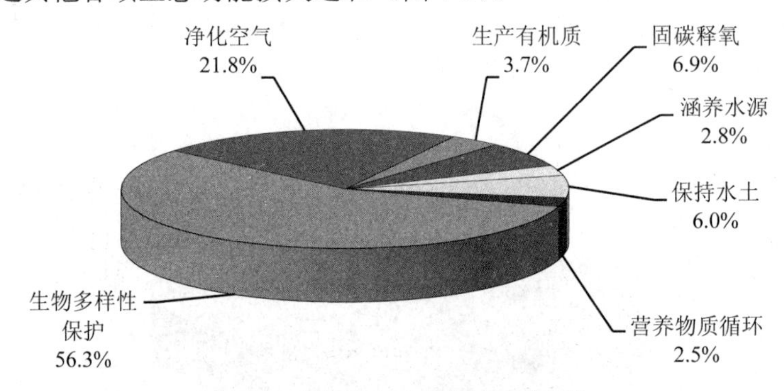

图 7-3 森林生态破坏经济损失结构

我国森林主要分布在东南地区、西南地区、内蒙古东部地区和东北三省，仅黑龙江、吉林、内蒙古、四川、云南五省（区）的森林面积和蓄积量就占全国的 43.4%和 49.7%。森林资源的空间分布不均衡，致使各地区森林生态破坏损失也呈现明显差异。其中，湖北森林生态破坏损失达到 118.3 亿元，占地区生产总值的 0.91%；云南森林生态

破坏损失占地区生产总值的 1.65%，居各地区之首（图 7-4）。

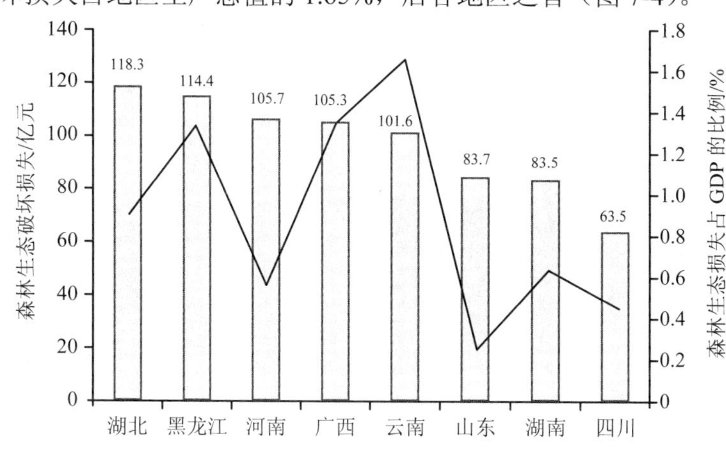

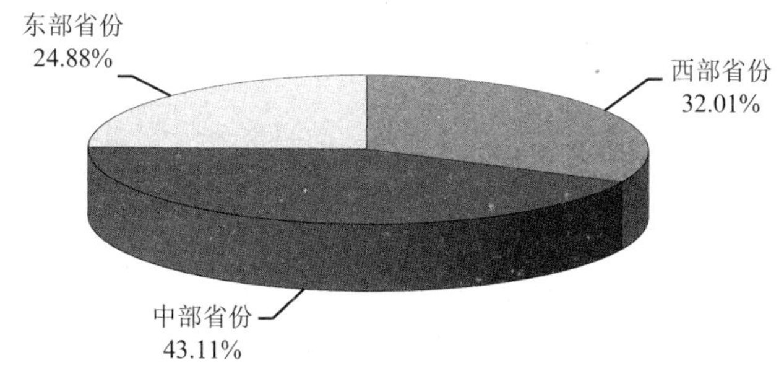

图 7-4　地区森林生态破坏损失

7.2.2　湿地生态破坏损失

目前，湿地开垦、自然湿地用途的改变和城市开发占用是造成我国自然湿地面积削减、功能下降的主要原因，随着湿地面积的减小，湿地生态功能明显下降，生物多样性不断降低，生态环境恶化现象逐增。《全国湿地资源调查简报》数据显示，围垦湿地造成的天然湿地退化资料比较完整，而且是湿地损失的主要人为因素，因此，本书将湿地围垦率作为湿地生态系统服务功能价值的人为破坏率，湿地围垦率是指被开垦湿地占湿地总面积的百分比。

根据核算结果，2009 年湿地生态破坏损失达到 1 227.6 亿元，占 2009 年全国 GDP 的 0.36%。从损失的各项功能来看，生产有机物质、调节大气、涵养水源、水分调节、水土保持、营养物质循环、净化污染、野生生物栖息地、干扰调节的各项生态功能破坏损失分别为 11.3

亿元、15.5 亿元、564.6 亿元、1.0 亿元、14.7 亿元、5.7 亿元、284.7 亿元、20.7 亿元、309.4 亿元。在湿地生态破坏造成的各项损失中，湿地围垦导致的涵养水源经济损失占所有经济损失的四成多（图 7-5）。

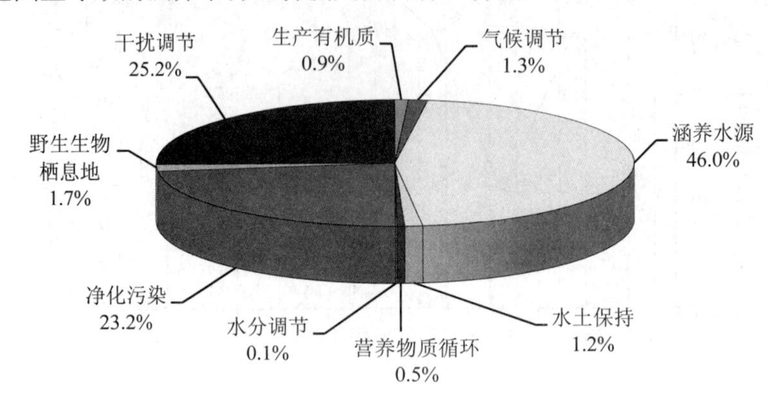

图 7-5　湿地生态破坏经济损失结构

我国湿地分布较为广泛，同时，受自然条件的影响，湿地类型的地理分布表现出明显的区域差异，西藏、黑龙江、内蒙古和青海 4 个省（区）的湿地面积占全国湿地面积的 46.6%。就地区而言，浙江省的湿地围垦率最高，达到 4.4%，其次是重庆市（3.9%）和甘肃省（3.2%）。由于地域的差异，湿地生态破坏经济损失也差异明显，黑龙江以 199.8 亿元的损失居全国各省份之首，西藏受到其经济总量影响，其核算结果显示损失占地区生产总值的近四成，其次是青海，也占到了 6.77%。除了湿地面积较大的西藏、黑龙江、内蒙古、青海四省（区），甘肃省核算结果达到 62.1 亿元，占地方生产总值的 1.83%，二者均居全国前列（图 7-6）。

7.2.3　草地生态破坏损失

草地不但具有重要的经济价值，还具有极其重要的生态调节与保护功能。但部分地区把天然草地当作宜农荒地开垦，过牧、过垦、滥挖屡禁不止，全国草原监测报告显示，广大草原超载过牧依然严重，生态屏障作用日渐降低，沙化、盐渍化、石漠化严重。影响草地生态系统生态退化的人为因素主要是不合理的草地利用，包括过度放牧、开垦草原、违法征占草地、乱采滥挖草原野生植被资源等。由于开垦草原、违法征占用草地、乱采滥挖草原野生植被资源等人为破坏因素的数据资料不全，本书所指草地生态系统人为破坏率主要根据过度放牧率来确定。

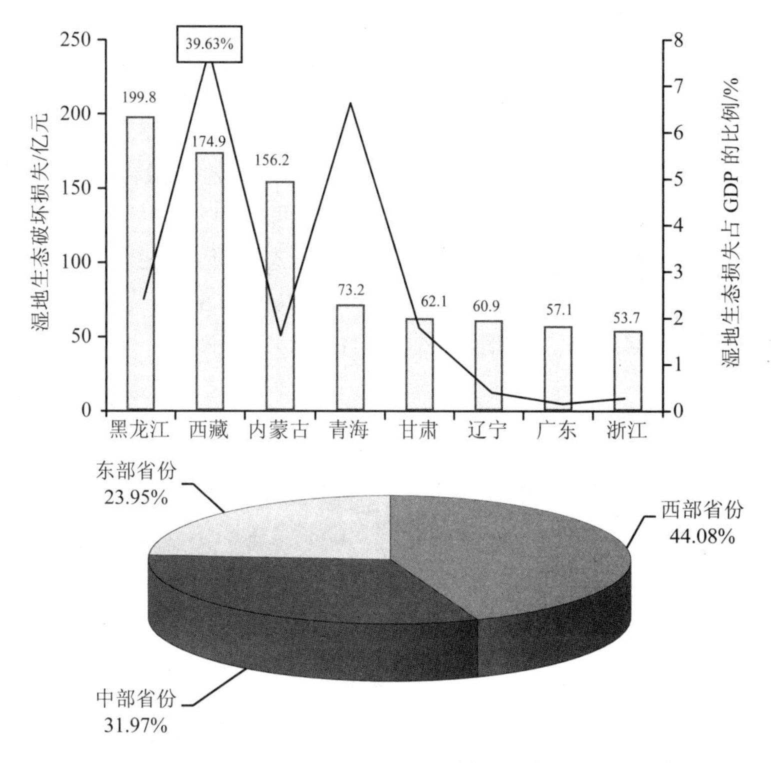

图 7-6　地区湿地生态破坏损失

人为破坏的草地面积达到 2.6 亿亩，核算结果表明由此造成的草地生态破坏损失达到 1 530.7 亿元，占 2009 年全国 GDP 的 0.42%。草地的生产有机物质、气候调节、涵养水源、水土保持、营养物质循环等生态系统服务功能损失分别为 199.3 亿元、274.1 亿元、240.7 亿元、757.5 亿元、79.1 亿元。在草地生态破坏造成的各项损失中，水土保持的贡献率最大，占总经济损失的 48.9%（图 7-7）。

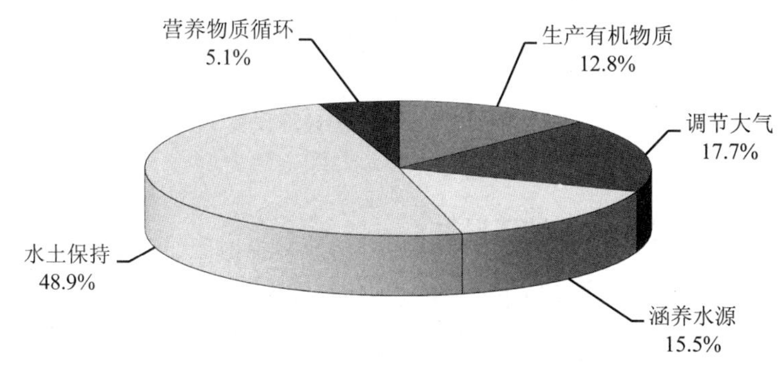

图 7-7　草地生态破坏经济损失结构

我国天然草原主要集中分布在北方干旱半干旱区和青藏高原。内蒙古、广西、重庆、四川、贵州、云南、西藏、陕西、甘肃、青海、宁夏、新疆等西部 12 省（区、市）的天然草原面积约 3.3 亿 hm^2，占全国草原面积的 84.4%。根据 2009 年全国草原监测报告，北京、天津、上海、江苏、浙江、安徽、福建、江西、湖南、广东和海南 11 省的超载率为 0，因此这些省份的草地生态破坏经济损失不纳入统计。核算结果显示，青海草地生态破坏损失达到 371.5 亿元，占地区生产总值的 34.4%；居各地区之首（图 7-8）。

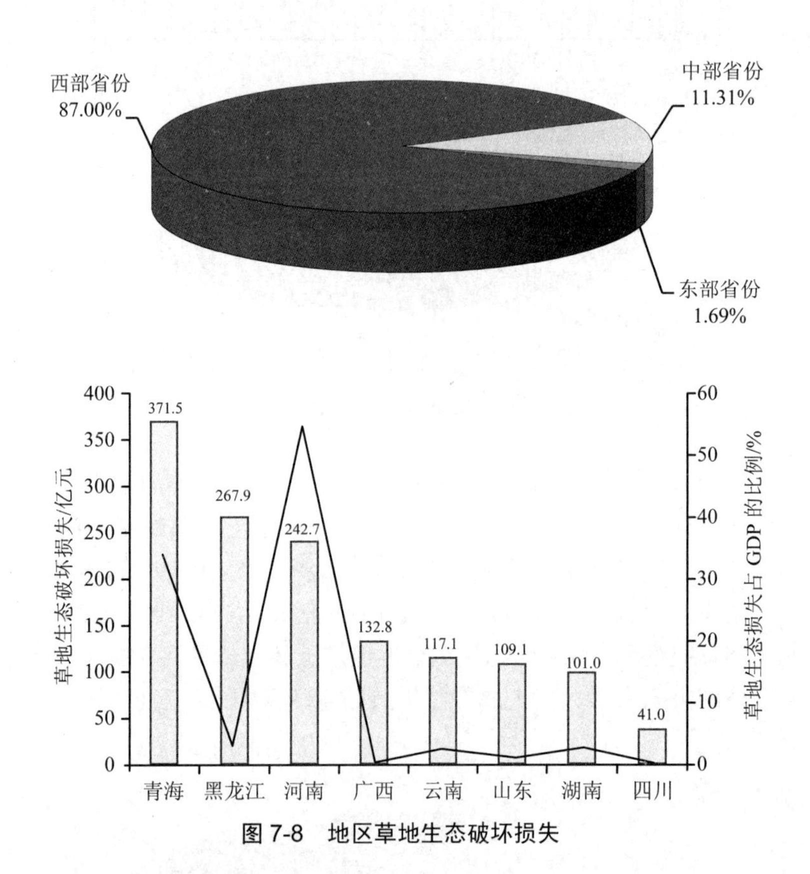

图 7-8 地区草地生态破坏损失

7.2.4 矿产开发生态破坏损失

我国是矿业大国，矿产开发总规模居世界第三位，矿产资源开发在为经济建设做出巨大贡献的同时，也对环境造成了长期、巨大的破坏。不合理的开发利用已对矿山及其周围环境造成严重的破坏并诱发了多种地质灾害。根据原国土资源部开展的全国矿山地质环境调查结果，由于长时间、高强度的矿山开采，造成大量土地荒废，生态环境恶化，有的地方发生大范围的地面塌陷等地质灾害。据调查统计，全国因采矿活动形成的采空区面积约 80.96 万 hm^2，引发地面塌陷面积 35.22 万 hm^2，占压和破坏土地面积 143.9 万 hm^2。

环境退化成本核算中，已对固体废物堆放引起的土地占用损失进行了核算，因此矿产开发生态破坏损失仅核算了地下水环境生态破坏与矿产开发过程中引起的采空塌（沉）陷、地裂缝、滑坡等地质灾害造成的经济损失。根据调查核算结果，目前矿产开发每年导致的地下水资源破坏量达到 14.2 亿 m^3，由此造成的经济损失达到 54.8 亿元；因采矿活动形成的地质灾害面积约 116.18 万 hm^2，由此造成的经济损失达到 173.3 亿元，两项合计 2009 年矿产开发造成的经济损失达到 228.1 亿元，占 2009 年全国 GDP 的 0.07%。

从区域角度来看，我国矿产资源主要集中分布在湖北、湖南、山西、陕西、内蒙古、青海、新疆、贵州和云南等中西部地区，因此，中部省（区）矿产开发造成的生态破坏损失量较大，达到 175 亿元，超过总生态破坏损失量 3/4。在 31 个省（市、区）中，山西省以 148 亿元位居首位，是位列其次的湖南省的近 10 倍。

7.3　生态环境破坏损失综合分析

7.3.1　2009 年我国生态环境破坏损失占当年 GDP 的 3.8%

根据不全面的核算结果，2009 年的环境退化成本与生态破坏损失合计达到 13 916.3 亿元，较 2008 年增加 9.2%。其中环境退化成本 9 701.1 亿元，生态破坏损失 4 215.2 亿元，分别占生态环境总损失的 69.7%和 30.3%，生态环境退化指数为 3.83%。由于缺乏基础数据，土壤和地下水污染造成的环境损害、耕地和海洋生态系统破坏造成的损失、环境污染事故造成的环境损害无法计量，各项损害的核算范围也不全面，但生态环境污染损失占 GDP 的比例已经达到了 3.83%（图 7-9）。

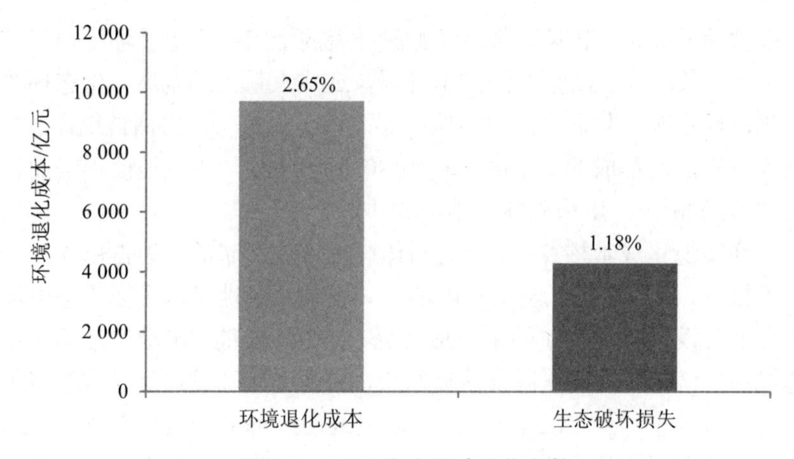

图 7-9　GDP 生态环境退化指数

7.3.2　我国还处于经济发展的生态环境成本上升阶段

连续 6 年的核算表明，我国经济发展造成的环境污染代价持续提高，6 年间基于退化成本的环境污染代价从 5 118.2 亿元提高到 9 701.1 亿元，增长了 89.5%，年均增长 17.9%。基于治理成本法的虚拟治理成本从 2 874.5 亿元提高到 5 470.8 亿元，增长了 90.3%，年均增长 18.1%（图 7-10）。2004—2009 年的核算结果说明，随着经济的快速发展，环境污染代价和所需要的污染治理投入在同步增长，环境问题已经成为我国可持续发展的主要制约因素。鉴于我国在今后相当长的一段时期内仍处于工业化中后期阶段，环境质量改善是一项长期艰巨的任务，预计今后 10～15 年还处于经济总量与生态环境成本同步上升的阶段。

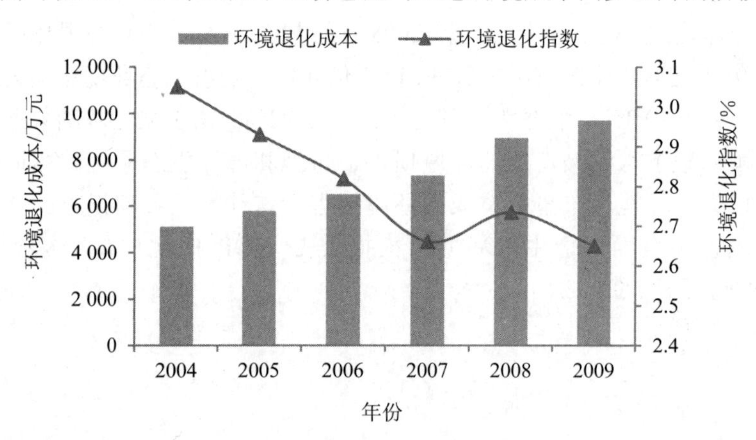

图 7-10　2004—2009 年环境退化成本与 GDP 环境退化指数

专栏 7.2 相关概念

GDP 污染扣减指数（Pollution Reduction Index to GDP，PRI_{GDP}）是指虚拟治理成本占当年行业合计 GDP 的百分比，即 GDP 污染扣减指数 = 虚拟治理成本/当年行业合计 GDP × 100%。由于虚拟治理成本是基本上根据市场价格核算的环境治理成本，因此可以作为“中间消耗成本”直接在 GDP 中扣减。

GDP 环境退化指数（Environmental Degradation Index to GDP，EDI_{GDP}）是指环境退化成本占当年地区合计 GDP 的百分比，即 GDP 环境退化指数=环境退化成本/当年地区合计 GDP × 100%。

GDP 生态环境退化指数（Ecological and Environmental Degradation Index to GDP，$EEDI_{GDP}$）是指生态破坏损失和环境退化成本占当年地区合计 GDP 的百分比，即 GDP 生态环境退化指数=（生态破坏损失+环境退化成本）/当年地区合计 GDP × 100%。

GDP 环境保护支出指数（Environmental Protection Expenditure Index to GDP，$EPEI_{GDP}$）是指环境保护支出占当年行业合计 GDP 的百分比，即 GDP 环保支出指数=环境保护支出/当年行业合计 GDP × 100%。本书采用狭义的环境保护支出指数，GDP 环境治理支出指数=环境治理支出/当年行业合计 GDP × 100%。

生态环境损失（Ecological and Environmental Damage）是指生态破坏损失和环境退化成本之和。

7.3.3 全国平均环境治理效益费用比为 6.9～1

利用虚拟治理成本与环境损失成本的比进行效益费用分析得出，2009 年我国效益费用比为 1.9，其中，东部地区的效益费用比为 2.6，中部地区为 1.3，西部地区为 1.5。在东部地区中，除海南外，其他省市的污染损失成本都高于虚拟治理成本，其中，上海和北京的效益费用比较高，分别达到 6.9 和 6.8，天津、浙江、江苏、广东、河北的效益费用比分别为 4.3、2.7、2.7、2.6、2.5。中部地区除湖北的效益费用比小于 1 外，其他省市的效益费用比都高于 1，其效益费用比在 1.2～1.9（图 7-11）。在西部 12 省市中，广西、云南和青海 3 个省市的虚拟治理成本超过了污染损失成本。其中，西藏的虚拟治理成本为

23.7 亿元，污染损失成本为 8.9 亿元，虚拟治理成本是污染损失成本的 2.7 倍。

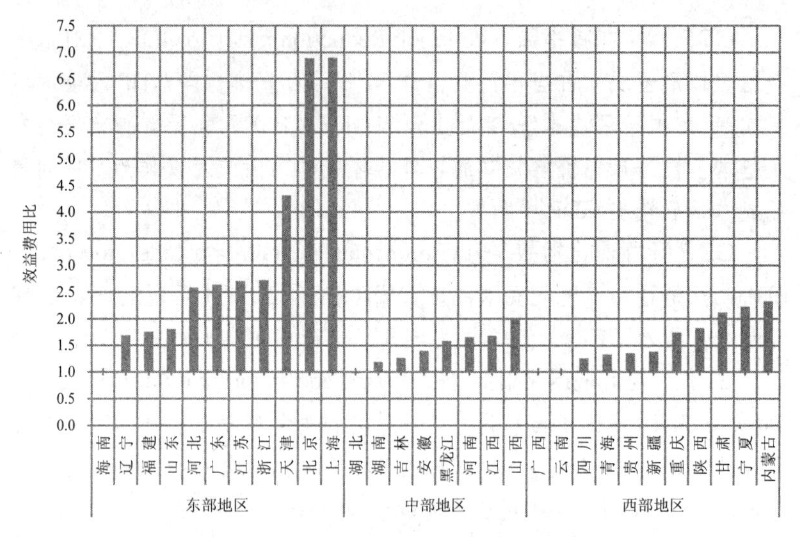

图 7-11　30 个省（市、区）效益费用比

部分省（市、区）出现环境治理费用高于效益现象的主要原因在于污染损失的计算范围不全。此外，如果采用国际通行的支付意愿法来计算，费用效益比将达到 4∶1。

7.3.4　西部地区生态环境退化代价高

2009 年不计污染事故损失的生态环境损失[①]合计为 13 864.5 亿元，比 2008 年增加 10.74%。东部、中部、西部 3 个地区的生态环境损失分别为 5 625.4 亿元、3 635.5 亿元和 4 603.6 亿元，分别占总生态环境损失的 40.6%、26.2%和 33.2%。各地区的生态环境损失及 GDP 生态环境退化指数如图 7-12 所示。从图中可以看出，西部和中部地区的 GDP 生态环境退化指数远高于东部地区。从环境退化成本和生态破坏损失的空间分布来看，东部地区的环境退化成本高于中西部地区，但中西部地区的生态破坏损失远高于东部地区。

①由于缺乏分省（区）的渔业污染事故损失数据，因此，东部、中部、西部合计的生态环境损失不等于全国合计的生态环境损失。

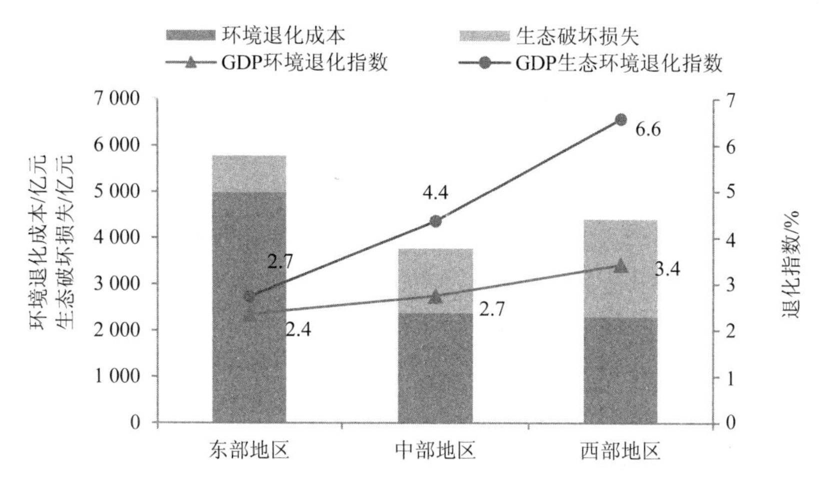

图 7-12　地区生态环境损失及 GDP 生态环境退化指数

2009 年，GDP 环境退化指数最高的前 4 个省（市、区）与 2008 年相同，分别为宁夏（9.7%）、青海（7.4%）、甘肃（4.7%）、河北（4.6%），山西取代新疆位列环境退化成本的第五位（4.5%），比例最低的 5 个省市依次是海南（1.3%）、湖北（1.5%）、福建（1.6%）、广东（1.8%）、西藏（2%）。江西、贵州、云南、青海、海南、河北等省份的 GDP 环境退化指数较 2008 年都有所增加，其中江西的 GDP 环境退化指数提高 1 个百分点（图 7-13）。

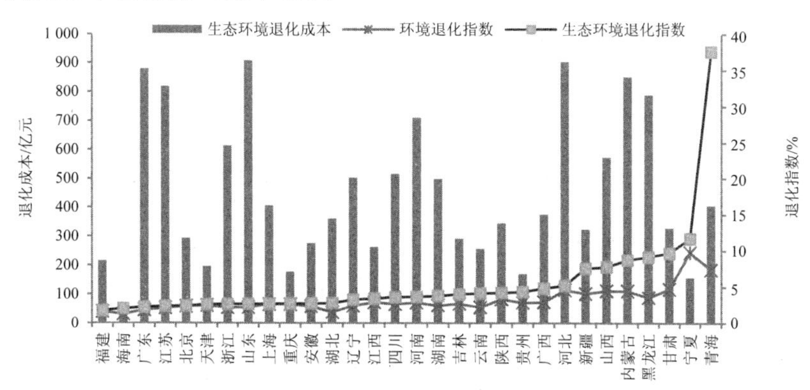

图 7-13　30 个省（市、区）的生态环境退化指数

同时，由于西部省（区）的草地、湿地、矿产开发的生态破坏损失普遍较大，因此，加上生态破坏损失后的 GDP 生态环境退化指数排序有较大变化。青海（38.9%）、宁夏（11.5%）、甘肃（10%）、内

蒙古（8.9%）、黑龙江（8.5%）、山西（7.7%）、新疆（7.5%）等几个省区的生态环境损失占 GDP 的比例都超过 7%，这些省份大多地处西部地区，且多为欠发达资源富集省份。生态环境退化指数最低的省（市、区）都位于东部地区，说明欠发达地区经济增长的资源环境代价远高于发达地区。把比较全面的生态环境损失考虑在内后，西部地区与东部地区的经济总量与生态环境退化之间的“剪刀差”大。而且，西部地区即将成为承接我国东部地区产业转移的重点区域，如何提高西部地区的可持续发展能力亟须思考（图 7-14）。

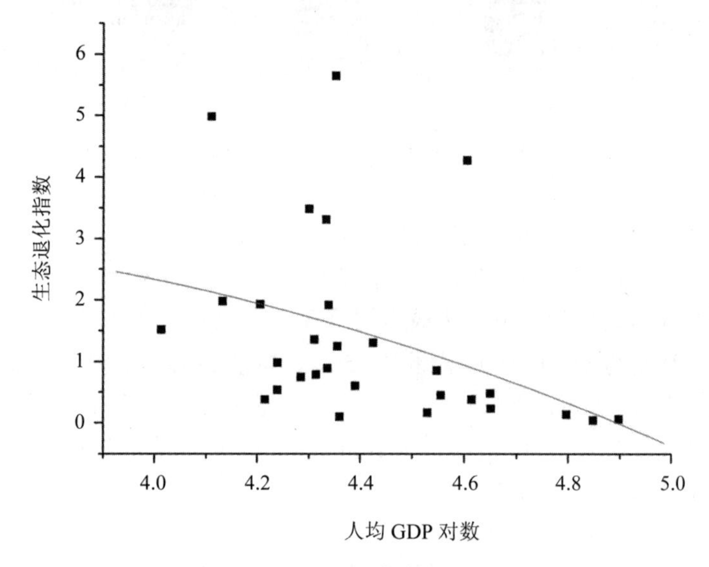

图 7-14　生态退化成本与经济增长

7.3.5　欠发达地区经济发展的生态环境投入产出效益相对较低

核算表明，生态退化损失占 GDP 的比例与人均 GDP 之间呈现一个负指数关系，显示出经济发展越是落后的地区，经济发展的生态成本越大。生态退化损失与人均 GDP 之间的负相关，与处于不同经济发展阶段的各地区的产业结构差异有关。人均 GDP 低的欠发达地区农村人口和农业所占比重相对较大，对生态系统的压力也较大。由于农业生产方式比较粗放，土地利用和农业生产活动导致生态破坏持续扩大。如果把草地生态退化损失作为畜牧业生产产生的负面效益，草地生态退化损失占畜牧业增加值的比例可以反映农业生产的环境投入产出效益。草地生态退化损失占畜牧业增加值的比例全国平均为 10%，该比例超过 30%的省份有西藏（96%）、新疆（93%）、河北（53%）、青海（52%）、甘肃（38%）、内蒙古（34%）等。

工业生产是导致环境污染损失的主要原因，用环境退化成本占第二产业增加值的比例反映第二产业的环境投入产出效益。环境污染损失占第二产业增加值的比例全国平均为 6.1%。比例较高的省份主要有宁夏（25.5%）、青海（17%）、甘肃（13.3%）、新疆（11.3%）、北北（12.5%）等。比例较低的省份有福建（3.8%）、湖北（3.9%）、广东（4%）、山东（4.5%）、江苏（4.5%），这些省份主要分布在我国东部沿海地区，这些省份工业发展的资源环境代价相对较小（图 7-15）。

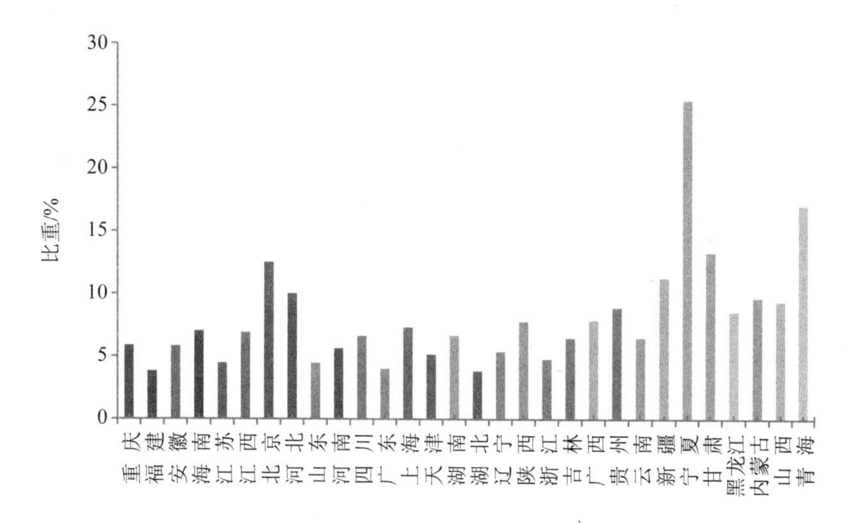

图 7-15　各省（市、区）环境退化损失与工业增加值比重

根据上述分析可知，我国欠发达地区无论是农业的投入产出效益，还是工业的投入产出效益，都表明其经济发展的生态环境代价相对较高。我国生态退化损失与贫困人口分布具有高度耦合性。西藏、甘肃、青海、宁夏等省是“老、少、边、穷”的经济发展滞后地区，同时也是生态脆弱地区，坡地耕种、森林砍伐、超载过牧等掠夺式生产方式给生态环境带来严重破坏，制约着这些地区的脱贫和发展。因此，如何从资源环境使用效率的角度，科学合理地促进我国经济发展是个值得思考的问题。

7.3.6　我国环境污染损失变化规律符合环境库兹涅茨曲线

美国经济学家 Grossman 和 Krueger 于 1991 年在研究北美自由贸易协定的环境影响时，参考经济学中的库兹涅茨曲线，提出了环境库兹涅茨曲线假说，认为环境质量和人均收入呈一个倒“U”形变化，即在一国经济发展的初期阶段，污染水平随收入的增长不断上升。而当经济发展到较高水平，收入达到某一特定值后，进一步的收入增长将导致污染水平和环境质量的改善。环境库兹涅茨曲线成为研究经济增长环境效益的有效工具。

利用中国 31 个省份的环境污染损失占 GDP 比重与人均 GDP 对数分析中国的环境污染与经济发展水平之间的关系。由图 7-16 可知，我国环境污染损失和人均 GDP 之间也有一定的倒“U”曲线关系。但关系不是很明确，没有通过显著性检验。目前我国大多数省份的人均 GDP 在 10 000～30 000 元，正好处于工业化的初期和中期阶段，重化工产业的比重较大，环境污染随收入增长而加剧，人均 GDP 超过 30 000 元的多是沿海省市，经历了产业结构升级，高端加工制造业和服务业的比重较大，因而环境污染损失相对于内陆省份较低。但是这不意味着随着经济的增长，环境污染损失会呈现自动下降和环境质量的自动改善。整体而言，我国还处于随经济增长，环境退化成本上升的阶段（图 7-17），仍没有达到资源生态环境损失下降的拐点，经济增长与环境退化的“脱钩”现象还没有出现，需要提高资源的使用消耗，加强生态环境治理。

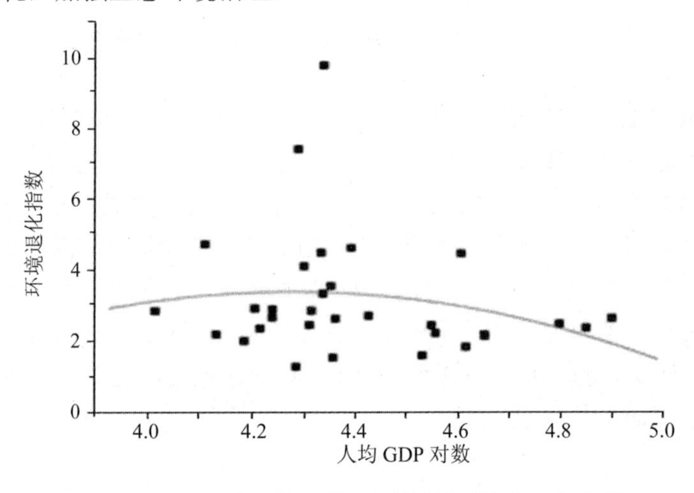

图 7-16　31 个省（市、区）环境退化成本与经济增长

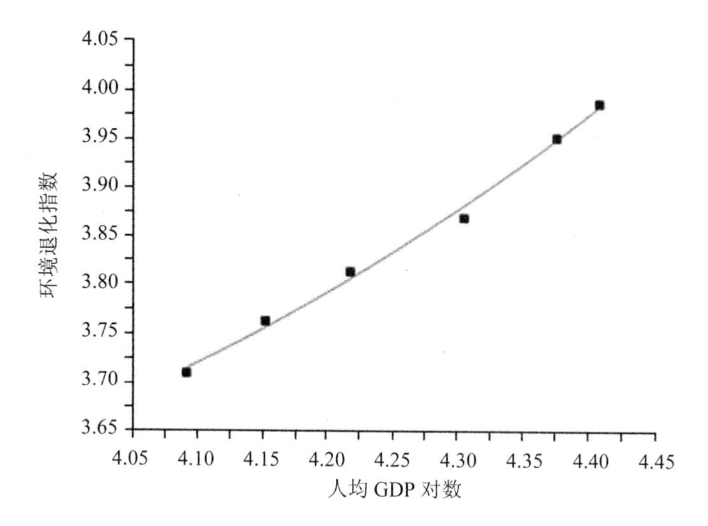

图 7-17 2004—2009 年环境退化成本与经济增长

第二部分

中国环境经济核算研究报告

2010

第8章 引　言

GDP是考察宏观经济的重要指标，是对一国总体经济运行表现做出的概括性衡量。但现行的国民经济核算体系有一定的局限性：①不能反映经济增长的全部社会成本；②不能反映经济增长的方式以及增长方式的适宜程度和为此付出的代价；③不能反映经济增长的效率、效益和质量；④不能反映社会财富的总积累，以及社会福利的变化；⑤不能有效衡量社会分配和社会公正。

为此，国际上从20世纪70年代开始研究建立绿色国民经济核算（以下简称绿色GDP核算）体系，它在传统的GDP核算体系中扣除自然资源耗减成本和环境退化成本，以期更加真实地衡量经济发展成果和国民经济福利。在挪威、美国、荷兰、德国开展自然资源核算、环境污染损失成本核算、环境污染实物量核算、环境保护投入产出核算工作的基础上，联合国统计署（UNSD）于1989年、1993年、2000年和2003年先后发布并修订了《综合环境与经济核算体系（SEEA）》，为建立绿色国民经济核算总量、自然资源和污染账户提供了基本框架。欧洲议会于2011年6月初通过了"超越GDP"决议以及一项作为重要解决手段的欧洲环境问题新法规——《欧盟环境经济核算法规》，象征着欧盟在使用包括GDP在内的多元指标衡量问题方面成功迈进了一步。这项法规的颁布意味着欧盟可以在第一时间取得与国民经济核算体系相融的空气污染、物质流和环境税三项数据。

截至本报告发布，以环境保护部环境规划院为代表的技术组已经完成了2004—2010年共7年的全国环境经济核算研究报告[①]，核算内容基本遵循联合国发布的SEEA体系，但不包括自然资源耗减成本的

①鉴于目前开展的核算与完整的绿色国民经济核算还有差距，从2005年起这项研究从最初的"绿色国民经济核算研究"更名为"环境经济核算研究"，研究报告名称也调整为《中国环境经济核算研究报告》。

核算。7 年的核算结果表明，我国经济发展造成的环境污染代价持续增长，环境污染治理和生态破坏压力日益增大，7 年间基于退化成本的环境污染代价从 5 118.2 亿元提高到 11 032.8 亿元，增长了 115%，年均增长 13.5%。虚拟治理成本从 2 874.4 亿元提高到 5 589.3 亿元，增长了 94.4%。2010 年环境退化成本和生态破坏损失成本合计 15 513.8 亿元，较 2009 年增加 11%，约占当年 GDP 的 3.5%。

在财政部资助开展的“建立中国环境经济核算技术支撑与应用体系”项目中，提出要在原有环境经济核算体系的基础上，进一步开发物质流核算、企业环境会计核算、环境投入产出核算三大技术体系。经过 4 年的工作，物质流核算体系已基本建立，并完成了 2000—2010 年我国国家层面的物质流核算，环境会计核算也已形成企业环境会计技术指南，资源环境投入产出模型也已建构完成。

在环境经济核算账户中，为了充分保证核算结果的科学性，在核算方法上不够成熟以及基础数据不具备的环境污染损失和生态破坏损失项没有计算在内，目前的核算结果是不完整的环境污染和生态破坏损失代价。本书中的环境污染损失核算，包括环境污染实物量和价值量核算，价值量核算采用治理成本法和污染损失法计算环境污染虚拟治理成本和环境退化成本。其中，环境退化成本存在核算范围不全面、核算结果偏低的问题。生态破坏损失仅包括森林、湿地、草地和矿产开发造成的地下水破坏和地质塌陷等的生态破坏经济损失，耕地和海洋生态系统没有核算，已核算出的损失也未涵盖所有应计算的生态服务功能。

目前，基于环境污染的绿色国民经济年度核算报告制度已初步形成，核算范围与核算内容今后将相对固定，核算报告以 5 年发布一份完整的 5 年环境经济核算报告、平均年发布简版环境经济核算报告的形式滚动发布。其中，完整的环境经济核算报告从区域比较、行业比较等多个角度和层面对环境污染实物量账户、环境质量账户、环境污染价值量账户、生态破坏损失价值量账户、GDP 扣减指数、物质流账户、碳排放账户、污染物减排账户的核算结果进行比较，开展经济增长与资源消耗、污染排放的协调性分析，为国家和地区中期产业结构调整、污染减排、风险防范政策的制定提供数据和技术支持；通过混合账户和环境经济投入产出账户，从污染产生、处理、排放全过程描述环保产业、绿色经济对国民经济的贡献和影响。本书将围绕较固定的各类账户和综合环境经济核算分析指标体系，简要对各年的环境经济结果进行现状和趋势分析。

2010 年核算报告重点对 2010 年和 2005—2010 年的中国环境经济核算结果做了系统全面的总结和分析，共由 9 章（8～16 章）组成，第 8 章为引言；第 9 章为污染排放与碳排放账户；第 10 章为物质流核算账户，对国家层面和区域层面的物质消耗量和物质循环量进行核算和分析；第 11 章为环境质量账户，对 2005—2010 年的主要环境质量指标变化进行重点分析；第 12 章为环境保护支出账户；第 13 章为环境治理成本核算账户；第 14 章为环境退化成本核算，对 2005—2010 年虚拟治理成本与 GDP 污染扣减指数核算结果进行分析；第 15 章为生态破坏损失核算账户，主要对 2010 年生态破坏损失核算结果进行分析；第 16 章为环境经济核算综合分析与政策建议，对生态环境破坏损失核算结果进行了系统的综合分析。

本书由环保部环境规划院完成，环境统计与质量数据由中国环境监测总站提供，课题研究单位还包括中国人民大学、清华大学。感谢环境保护部和财政部“建立中国环境经济核算技术支撑与应用体系”项目对本课题的资助，感谢环境保护部、国家统计局等部委有关领导对本项研究一直以来给予的指导和帮助。

第9章 污染排放与碳排放账户

实物量核算账户的构建是环境经济核算的第一步。本章实物量核算账户主要包括水污染、大气污染、固体废物、碳排放以及“十一五”减排账户 5 个子账户。

根据核算，“十一五”水污染排放量的增速较快，废水排放量从 2005 年的 651.3 亿 t 上升到 2010 年的 873.2 亿 t，增加了 34%。虽然“十一五”期间，工业和生活的 COD 排放量实现了 COD 减排目标，但如果把农业面源污染产生的 COD 排放量也计算在内，我国 COD 排放量仍呈增加趋势，从 2005 年的 2 195 万 t 上升到 2010 年的 3 021 万 t。“十二五”已把农业面源污染纳入减排目标中，如何控制农业面源污染将是今后环境管理工作的重点和难点。

“十一五”期间，大气污染的减排效益显著。核算结果显示，除 NO_x 外，SO_2、烟尘、工业粉尘的排放量都呈下降趋势，SO_2、烟尘、工业粉尘排放量分别减排 18.5%、29.9%和 50.8%。“十一五”期间，工业固体废物和危险废物的排放量也呈下降趋势，工业固体废物从 2005 年的 27 108.2 万 t 下降到 2010 年的 24 250.2 万 t。

专栏 9.1　环境污染实物量核算

环境污染实物量核算是以环境统计为基础，核算全口径的主要污染物产生量、削减量和排放量。核算口径较目前的统计数据更加全面，更能全面反映主要环境污染物的排放情况。碳排放账户基于能源消费量与 IPCC 提供的碳排放因子与中国能源品种低位发热量数据核算获得；环境质量和环保投入账户采用环境统计和环境质量监测数据。

9.1 水污染排放

2010 年是我国污染减排的收获年，水污染减排成效显著。根据核算结果，2010 年，我国废水排放量为 873.2 亿 t，比 2009 年增加 3%；COD 排放量为 3 021 万 t，比 2009 年增加 6%；氨氮排放量为 216.4 万 t，比 2009 年增加 3.7%。其中，工业和城镇生活合计 COD 排放量比 2005 年减排 12.45%，但农业面源污染 COD 排放量仍呈增加趋势。从排放绩效的角度来看，造纸、食品加工和纺织等排放大户的 COD 去除率低于全国平均水平，需加大对这些重点污染行业的监管。从空间格局来看，我国东部沿海地区的废水排放达标率较高，北京、天津、浙江、山东等废水排放达标率高的省份都位于东部地区，下一步需加大对西部地区水污染的投资治理，提高其污水排放达标率。

9.1.1 水污染排放

（1）根据核算，我国废水排放量呈逐年增长趋势。废水排放量从 2005 年的 651.3 亿 t 上升到 2010 年的 873.2 亿 t，年均增速为 6.8%（图 9-1）。如果包括农业源，2010 年 COD 排放量呈增加趋势。2010 年工业和城镇生活的 COD 排放量合计为 1 338.7 万 t，比 2009 年减少 2.8%。如果把农业 COD 排放量也计算在内，2010 年 COD 排放量达到 3 021 万 t，比 2009 年增加 6.1%。“十二五”期间如果考虑农业 COD 排放量，需要全面考虑 COD 减排潜力，科学测算 COD 减排目标。

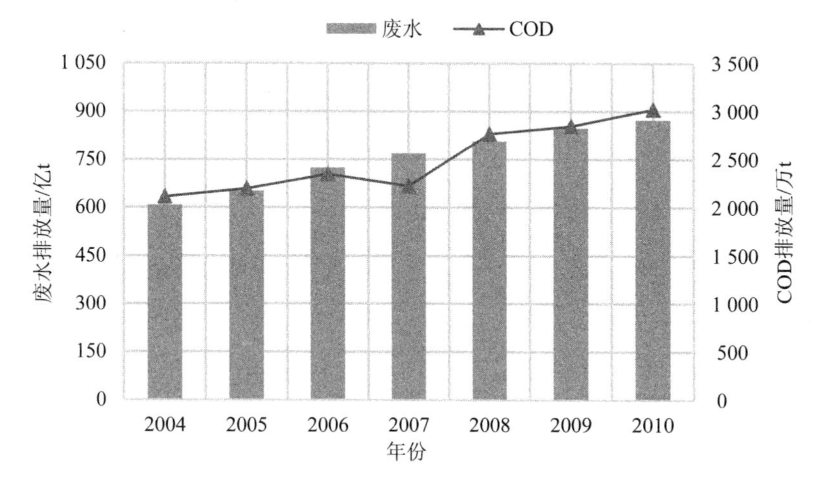

图 9-1 核算废水和 COD 排放量

（2）农业是 COD 排放的主要来源。2010 年，农业的 COD 排放量占总 COD 排放量的 35%。其次是第二产业和农村生活，其排放量所占比重为 19%（图 9-2）。目前我国农业面源污染缺乏科学的监测统计体系和有效的治理措施，农业面源污染造成的湖泊水库富营养化现象已引起极大关注。

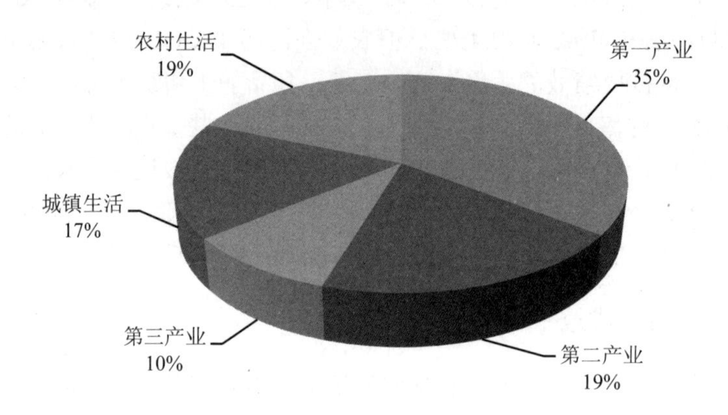

图 9-2　2010 年 COD 排放来源

9.1.2　水污染排放绩效

（1）根据核算，工业行业 COD 去除率呈逐年上升趋势。工业行业 COD 平均去除率由 2005 年的 58.9%上升到 2010 年的 70.7%。造纸、食品加工和纺织等排放大户 COD 去除率低于全国平均水平。造纸、食品加工、纺织、饮料制造以及化工行业是工业 COD 排放量大的行业，其 COD 排放量占总排放量的 72%。2010 年，这 5 个行业的污染物去除率分别为 68.6%、70.3%、70.1%、76.6%和 73.6%，造纸、食品加工和纺织等排放大户 COD 去除率相对较低（图 9-3）。

（2）单位工业增加值的 COD 产生量和排放量都呈下降趋势。单位工业增加值的 COD 的产生量和排放量从 2005 年的 25 kg/万元和 10 kg/万元下降到 2010 年的 12.5 kg/万元和 3.6 kg/万元，工业废水污染的排放绩效显著提高。

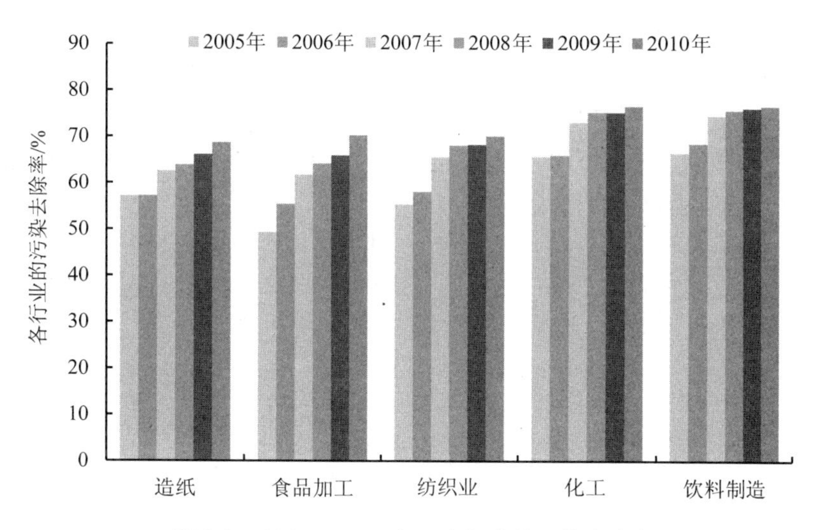

图 9-3　2005—2010 年 5 个行业的污染去除率

9.1.3　环境统计与核算结果比较

环境统计只对工业和城镇生活的 COD 和氨氮排放量进行统计，而环境核算还对农业和农村生活的 COD 和氨氮进行了测算，因此，核算的结果大于统计数据。2010 年，统计的 COD 排放量为 1 238.1 万 t，氨氮排放量为 120.3 万 t，而核算的 COD 排放量为 3 021 万 t，氨氮排放量为 216.4 万 t，核算结果分别是统计数据的 2.4 倍和 1.8 倍（图 9-4）。

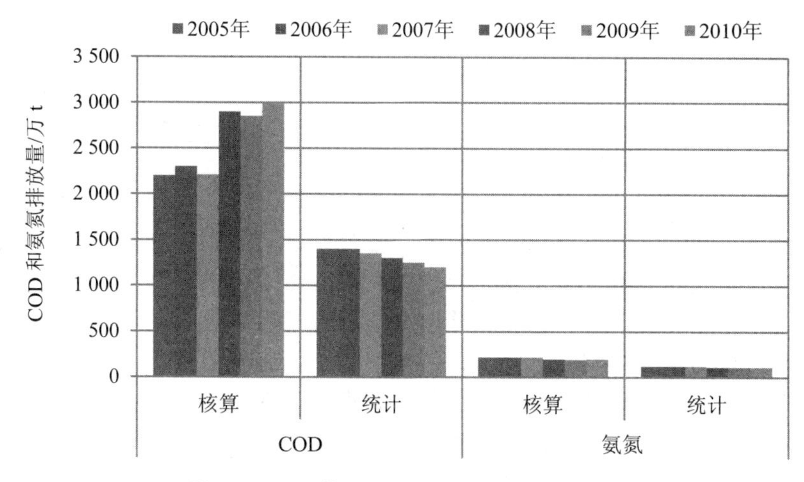

图 9-4　不同数据源的 COD 和氨氮排放量

从空间格局来看，东部沿海地区的废水排放达标率较高，达到79.4%，比2005年增加18.8%。北京、天津、浙江、山东等废水排放达标率高的省份都位于东部地区。西部地区的废水排放达标率相对较低，仅为60.9%，比2005年增加15.5%，西藏、贵州、青海、新疆等废水排放达标率低的省份都位于西部地区。总体来看，工业废水排放达标率高于生活废水排放达标率，东部地区废水排放达标率高于西部地区，西部生活废水排放达标率低于东部近22个百分点，西部地区的生活废水治理能力仍待提高（图9-5）。

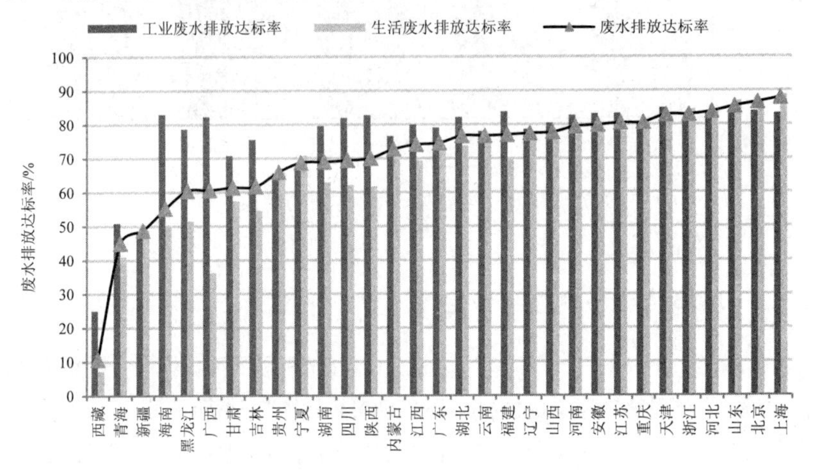

图9-5　2010年中国各省（市、区）废水排放达标率

专栏9.2　水污染排放核算方法与数据来源

水污染核算范围为种植业、畜牧业、工业行业、第三产业废水和城镇农村生活废水。核算对象为废水和废水中的主要污染物，包括COD、氨氮、TP、TN、石油类、重金属和氰化物。

农业水污染排放量采用排放系数法计算。其中，种植业废水排放量通过灌溉用水量、耗水系数和流失系数计算；种植业污染物排放量通过播种面积、源强系数和流失系数计算；规模化畜禽养殖的废水排放量通过规模化畜禽养殖量、废水产生系数、废水流失系数进行计算；规模化畜禽养殖的污染物排放量通过规模化养殖量、排泄系数、流失系数、污染物去除率等指标计算。农业水污染排放核算的基础数据来源于《中国畜牧业年鉴》《中国农业年鉴》、全国第一次污染源普查等。

工业废水排放以环境统计中各地区的工业废水排放量和各行业的废水排放量结构为基准，并根据环境统计与全国第一次污染源普查基础数据修正环境统计中的排放达标率进行核算。工业水污染排放基础数据来源于《中国环境统计年报》与全国第一次污染源普查。

城镇生活废水与COD和氨氮排放量数据主要来自环境统计年报，TN和TP排放量通过人均源强系数计算获得；农村生活废水污染排放量利用人均综合生活废水和污染物产生系数法、沼气化率进行推算。生活废水污染排放基础数据来源于《中国统计年鉴》、水利公报、《中国环境统计年报》、全国第一次污染源普查以及其他文献。

环境统计只对工业和城镇生活的废水和废水污染物进行了统计，本报告还对农业和农村生活的废水和废水污染物进行了核算，因此核算结果比环境统计大。

9.2　大气污染排放

“十一五”期间，我国大气污染物的排放量得到有效控制，SO_2、烟尘、工业粉尘等污染物都呈下降趋势。根据 2010 年核算结果，全国 SO_2 排放量为 2 090.7 万 t，比 2005 年减少 18.6%。2010 年烟尘排放量和工业粉尘排放量分别为 829.2 万 t、448.7 万 t，比 2005 年减少 29%、50%。但因工业脱氮工艺/设施的不足和汽车拥有量的大幅增加，导致我国 NO_x 排放量呈上升趋势。2010 年，我国 NO_x 排放量为 2 796.1 万 t，比 2005 年增加 44%。

9.2.1　大气污染排放

（1）随着我国大型发电机组脱硫设施的安装及正常运转，“十一五”全国 SO_2 排放量呈下降趋势。2010 年 SO_2 排放量 2 090.7 万 t，比 2005 年下降 18.6%。由于工业脱氮工艺与设施的不足，同时我国汽车拥有量逐年增加，造成“十一五”我国 NO_x 排放量呈明显上升趋势，根据核算，2010 年 NO_x 排放量 2 796.1 万 t，与 2005 年相比增加了 44.3%。我国工业粉尘和烟尘的排放量都呈下降趋势。工业粉尘排放量从 2005 年的 911.2 万 t 下降到 2010 年的 448.7 万 t，降低了 50.8%。烟尘排放量从 2005 年的 1 182.5 万 t 下降到 2010 年的 829.2 万 t，降低了 29.8%（图 9-6）。

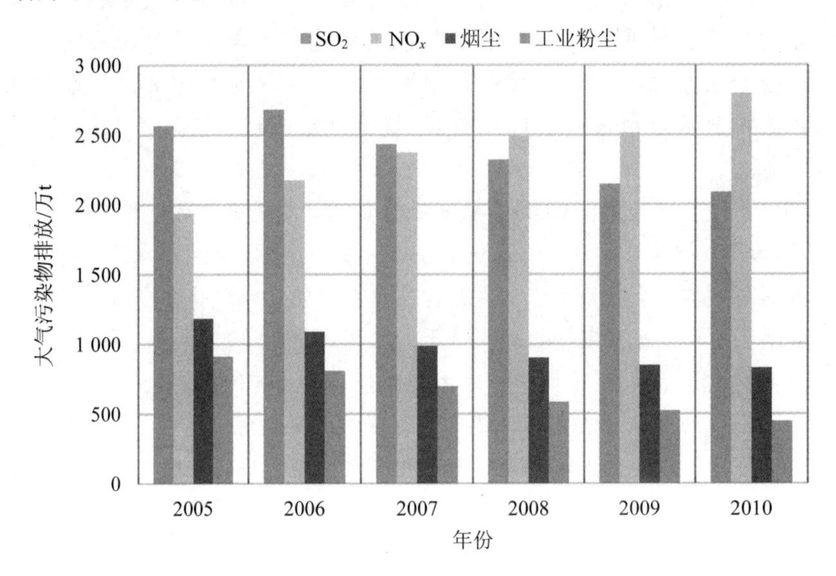

图 9-6　2005—2010 年大气污染物排放

（2）SO_2 排放主要来源于工业行业。2010 年，工业 SO_2 排放量占总 SO_2 排放量的 88.1%。其中，电力生产、非金制造、黑色冶金、化工、有色冶金、石化等行业是工业 SO_2 排放的主要行业，这 6 个行业的排放量之和占总排放量的 83.7%，其中，电力行业仍然占工业 SO_2 总排放量的 52.8%（图 9-7）。

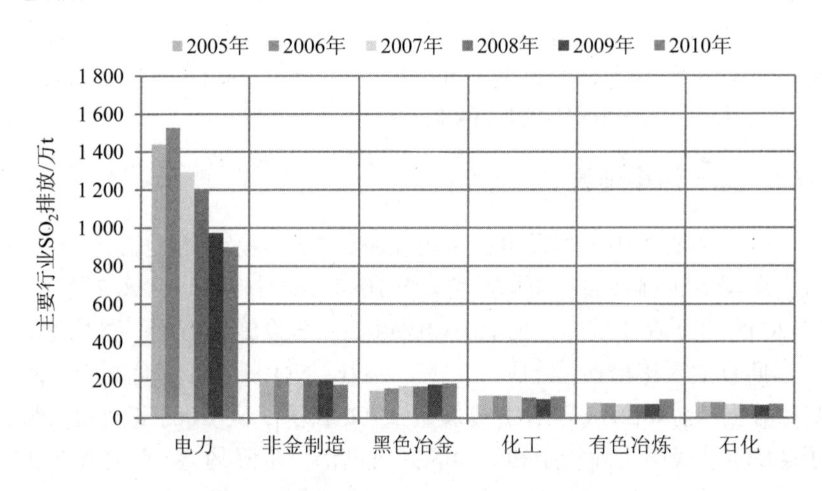

图 9-7　2005—2010 年主要 SO_2 排放行业

9.2.2　环境统计与核算结果对比

本报告核算的 SO_2 排放量数据与环境统计数据接近。其中，2010 年 SO_2 排放量比环境统计数据小 94 万 t。环境统计与报告核算的 NO_x 排放量有一定的差距，2010 年核算 NO_x 排放量是环境统计的 1.5 倍。工业和生活 NO_x 排放量主要利用 NO_x 排放因子和能源消耗量进行核算。交通 NO_x 通过不同油品的 NO_x 排放因子和能源消耗量进行核算（图 9-8）。

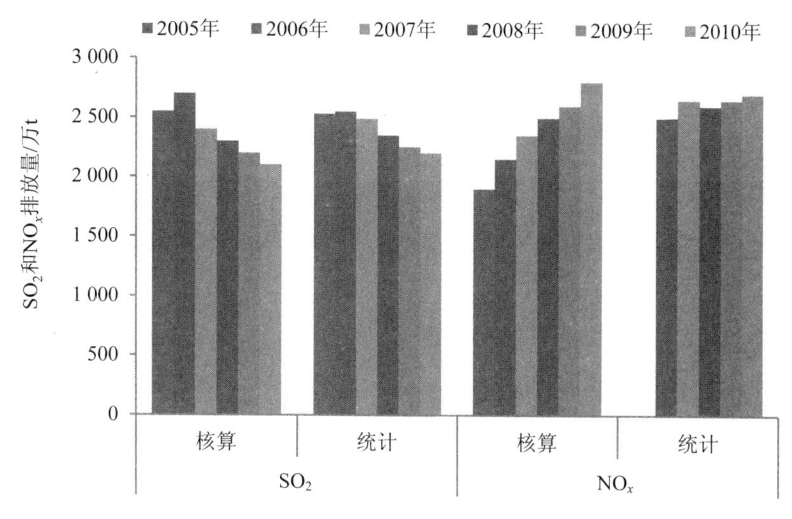

图 9-8　不同数据源的 SO_2 和 NO_x 排放量

9.2.3　大气污染排放绩效

（1）工业 SO_2 去除率显著提高。2010 年，我国工业 SO_2 去除率为 64.4%，比 2005 年提高 31.8%，工业 SO_2 去除率显著提高。其中，有色冶金和石油加工两个行业的去除率较高，分别为 87.8%和 83.4%（图 9-9）。

（2）电力行业 SO_2 去除率首次超过全国平均水平。电力生产、非金制造、黑色冶金、化工、有色冶金、石油加工等行业是大气污染 SO_2 主要排放源。其中，非金制造、黑色冶金和化工这三大行业的 SO_2 去除率都低于全国平均水平，电力行业 SO_2 首次超过了全国平均水平。从提高工业 SO_2 减排绩效的角度来看，这 3 个行业应是“十二五”期间 SO_2 减排的重点行业。

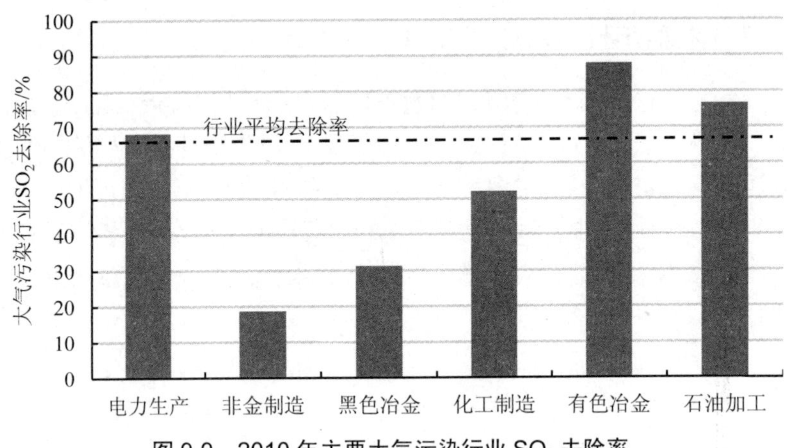

图 9-9　2010 年主要大气污染行业 SO_2 去除率

（3）除电力生产行业外，其他行业的烟尘去除率都低于全国平均值。2010 年，我国工业的烟尘去除率为 98.5%。电力生产、非金制造、黑色冶金、化工、煤炭采选、石油加工等行业是我国烟尘排放量的主要行业，其排放量比重为 75.3%。这些行业的烟尘去除率分别为 99.4%、95%、97.5%、94.7%、82.5%、93.3%，煤炭采选行业烟尘去除率较低（图 9-10）。

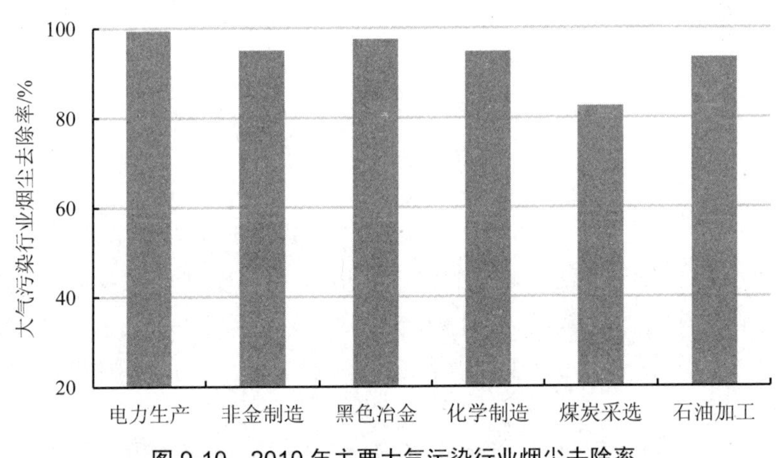

图 9-10　2010 年主要大气污染行业烟尘去除率

（4）我国工业行业 NO_x 去除率仍然很低，2010 年去除率仅为 4.8%。电力生产、黑色冶金、化工制造、非金制造、造纸、有色冶炼等 NO_x 排放大户，这些行业去除率都低于 10%（图 9-11）。

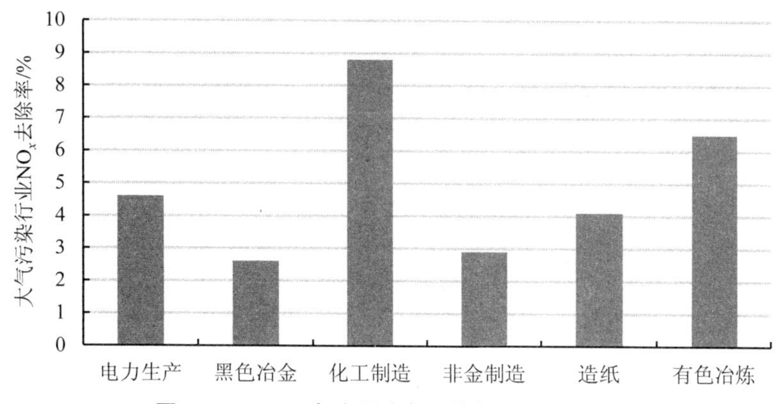

图 9-11　2010 年主要大气污染行业 NO_x 去除率

（5）根据核算结果，我国 NO_x 排放量已超过 SO_2 排放量，其削减水平一直较低。“十二五”环境规划已把 NO_x 纳入污染减排目标，“十二五”期间我国大气污染治理任务依然面临严峻挑战。

从空间格局角度分析，山东、内蒙古、河南、山西、河北是我国 SO_2 排放量最大的前 5 个省份，其 SO_2 排放量占总排放量的 31.1%，SO_2 去除率分别为 70.1%、56.8%、54%、63.8%和 62.5%。除山东省外，其他 4 个省份的 SO_2 去除率都低于全国平均水平。SO_2 去除率较高的省份是西藏、甘肃、北京、安徽、云南，去除率都高于 75%；去除率低的省份包括青海、黑龙江、陕西、宁夏和吉林，其去除率都小于 46%，其中青海只有 33.4%（图 9-12）。

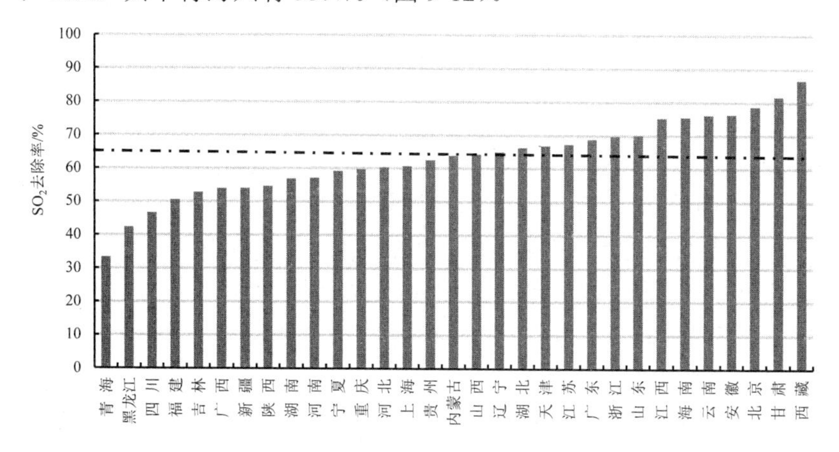

图 9-12　2010 年中国各省（市、区）SO_2 去除率

专栏 9.3　大气污染排放核算方法与数据来源

大气污染核算范围为：农业、工业行业、第三产业和生活废气。核算对象包括 SO_2、烟尘、工业粉尘和 NO_x。

大气污染物产生量和排放量核算采用环境统计与能源消耗核算和排放系数相结合的方法。根据地区能源统计和燃煤含硫量等数据计算地区的 SO_2 产生量，根据不同行业的 NO_x 的产生和排放系数核算 NO_x 的产生量和排放量，并依据环境统计的污染物去除情况，核算污染物的去除量和排放量。

大气污染排放核算的基础数据主要来自《中国统计年鉴》《中国城市建设统计年鉴》《中国能源统计年鉴》与全国第一次污染源普查数据。

9.3　固体废物排放

随着工业的发展以及城镇人口和生活水平的提高，我国固体废物产生量呈逐年增加趋势。2010 年，我国工业固体废物产生量为 23.9 亿 t，比 2009 年增加 5.9%。一般工业固体废物的综合利用量（含利用往年贮存量）、贮存量、处置量分别为 16.1 亿 t、2.4 亿 t、5.7 亿 t，分别占一般工业固体废物产生量的 67.2%、9.9%、23.9%。

（1）工业固体废物产生量呈逐年增加趋势。我国工业固体废物产生量由 2005 年的 13.3 亿 t 上升到 2010 年的 23.9 亿 t，增加了 79.6%。综合利用是工业固体废物最主要，也是增速最快的处理方式。一般工业固体废物的综合利用量从 2005 年的 7.8 亿 t 增加到 2010 年的 16.1 亿 t，工业固体废物综合利用率由 2005 年的 58%上升到 2010 年的 66.5%（图 9-13）。危险废物的综合利用率由 2005 年的 41.8%上升到 2010 年的 59%。我国的资源循环利用程度不断提高（图 9-14）。

（2）工业固体废物的排放量呈逐年下降趋势。一般工业固体废物排放量从 2005 年的 1 597.5 万 t 下降到 2010 年的 498.2 万 t，降低了 68.9%。自 2008 年我国危险废物实现了零排放。

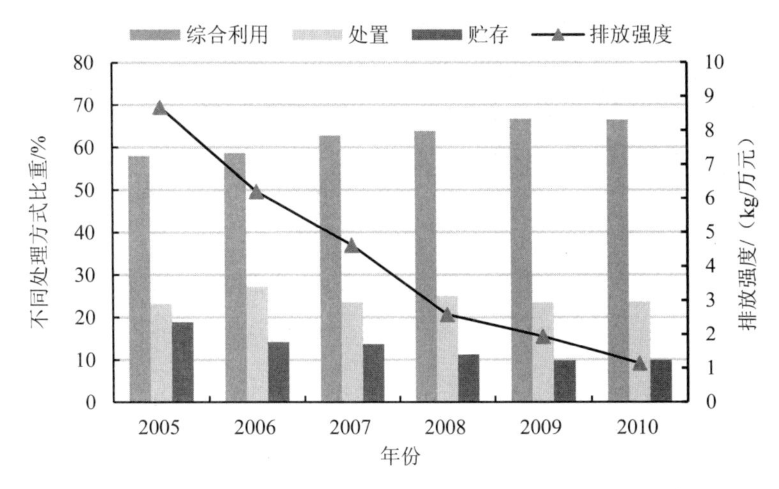

图 9-13　一般工业固体废物不同处理方式比重和排放强度

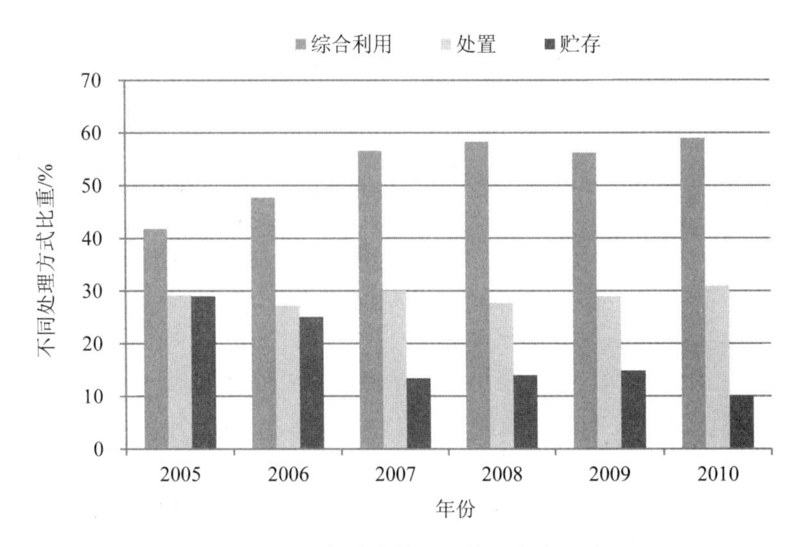

图 9-14　危险废物不同处理方式比重

（3）工业固体废物产生强度和排放强度都呈下降趋势。其中，单位 GDP 的工业固体废物产生量从 2005 年的 730 kg/万元下降到 2010 年的 551 kg/万元，排放强度从 2005 年的 8.7 kg/万元下降到 2010 年的 1.1 kg/万元。物耗强度有所降低，生产环节的资源利用率得到有效提高。

（4）煤炭采选、黑色冶金、有色冶金和燃气供应是工业固体废物排放的主要行业。其固体废物排放量占总排放量的 71.3%，是提高工业固体废物综合利用水平的关键。

（5）城镇生活垃圾产生量逐年上升。生活垃圾产生量由 2005 年的 1.8 亿 t 上升到 2010 年的 2.2 亿 t，年均增速为 2.6%，高于人口的年均增速。城镇生活垃圾的处理率增速不显著，但简易处理的比例下降显著。2005 年生活垃圾处理率为 67%，2006 年下降到 58%，2010 年为 65.6%。其中，无害化处理率从 2005 年的 43%上升到 2010 年的 56%，简易处理率从 2005 年的 35.7%下降到 2010 年的 14.3%（图 9-15）。

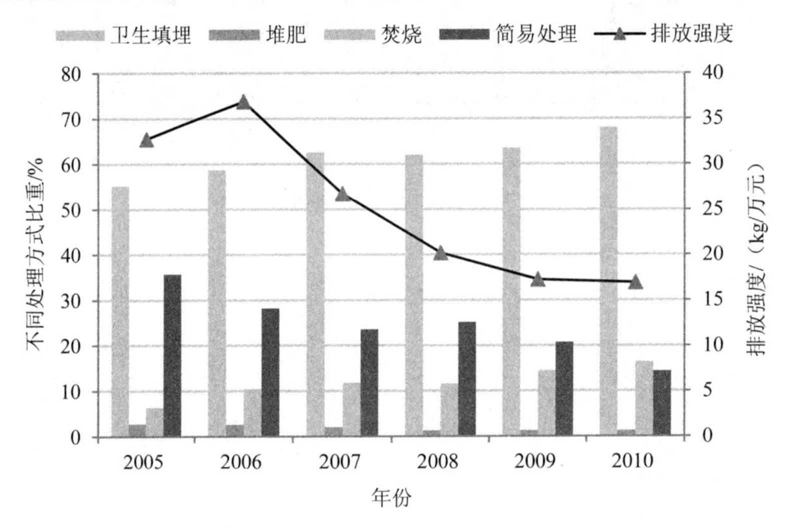

图 9-15　生活垃圾不同处理方式比重

（6）卫生填埋是目前我国生活垃圾的主要处理方式。卫生填埋占生活垃圾处理量的比重由 2005 年的 55%上升到 2010 年的 68%。但卫生填埋会使垃圾中的有机物发生厌氧分解，产生温室气体——甲烷，甲烷的温室效应是 CO_2 的 21 倍。因此，要加强生活垃圾卫生填埋场所的甲烷收集与污染控制，严防垃圾填埋对地下水的污染和温室气体排放。

（7）城镇生活垃圾排放量总体呈增加趋势，排放强度呈先下降后上升趋势。2005 年生活垃圾排放量为 6 029 万 t，2010 年上升到 7 395 万 t。人均生活垃圾排放量由 2005 年的 107.3 kg/人下降到 2009 年的 97.7 kg/人，2010 年有上升趋势，为 110.4 kg/人。

9.4　碳排放

全球气候变化已成为不争的事实。IPCC 第四次评估报告明确提出，全球气温变暖有 90%的可能是由于人类活动排放温室气体形成增温效应导致。自 21 世纪以来，世界碳排放量呈逐年增长趋势。2007 年化石能源利用和水泥生产的全球碳排放量为 83.65 亿 t，与 1990 年相比，增加了 36.04%。

我国作为经济高速增长的发展中国家，其碳排放也在快速增加。我国一次能源 CO_2 排放量从 2000 年的 34.7 亿 t 上升到 2009 年的 71.8 亿 t，增加了 1 倍，2010 年小幅下降到 69.8 亿 t，我国已成为世界最大的 CO_2 排放国家。为控制 CO_2 排放，2010 年年底，我国政府公布了到 2020 年单位国内生产总值 CO_2 排放比 2005 年下降 40%～45%的控制温室气体排放行动目标，并将其作为约束性指标纳入国民经济和社会发展中长期规划。我国正处于工业化中期阶段，CO_2 排放量在一段时间内可能仍将呈增加趋势，CO_2 减排任务艰巨。

中国碳排放

（1）由于对化石能源的巨大需求，我国的碳排放增长迅速。2010 年相对于 2000 年，增加了 1 倍。

（2）我国能源强度总体呈下降趋势。“十一五”环境规划提出“十一五”期间，我国万元 GDP 能耗强度降低 20%的减排目标，能耗强度从 2005 年的 1.28 t/万元下降到 2010 年的 0.81 t/万元，能耗强度降低了 32%，提前实现了“十一五”能耗强度下降目标（图 9-16）。

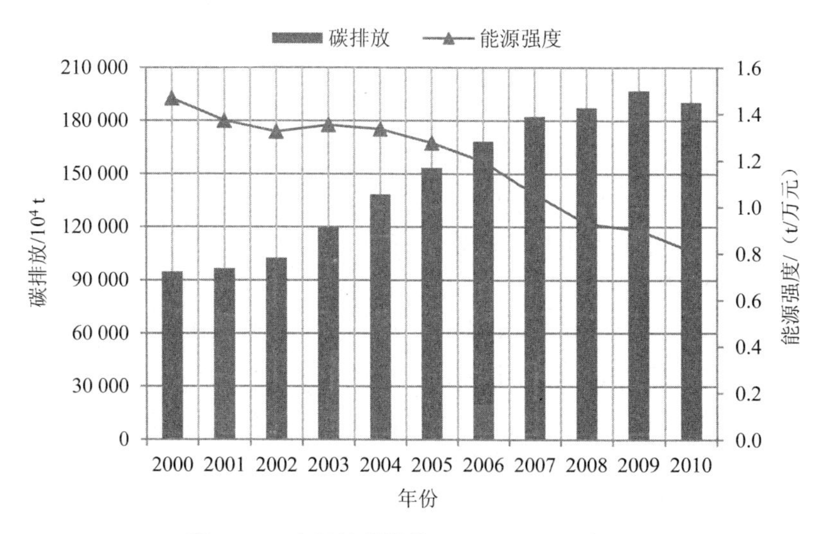

图 9-16　中国的碳排放（2000—2010 年）

（3）我国的碳排放主要分布在黑色冶金、化工、非金属制造、电力生产、石油加工、有色冶金、煤炭开采以及纺织业等工业行业。

（4）2010 年工业行业终端能源利用的排放占全部终端能源排放的 72.6%，其中以黑色冶金、非金属制造、化工排放最多，占整个工业排放的 54%（图 9-17）。

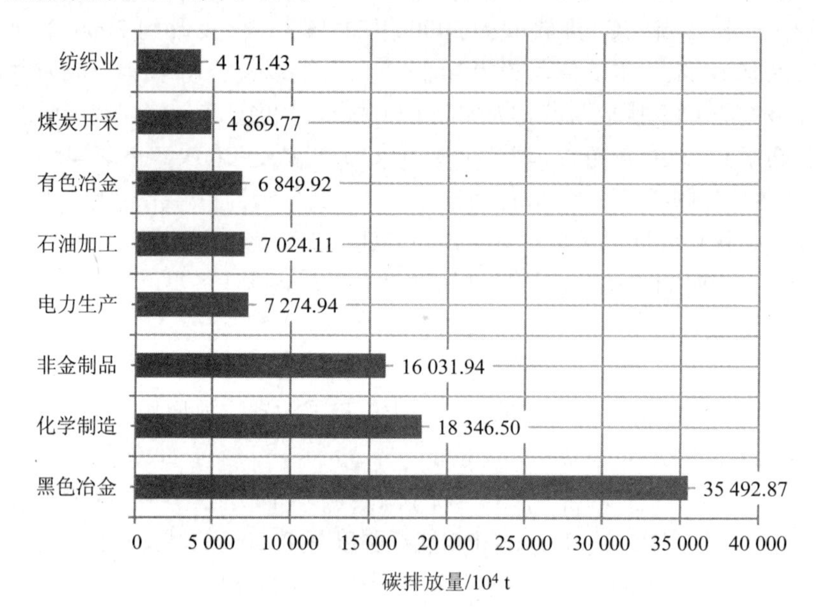

图 9-17　2010 年主要碳排放行业的碳排放量

农业、建筑业和批发零售业的碳排放较少，占全部终端能源碳排放的 5.4%左右，较 2009 年比重有所下降；生活能源消费的排放占 11.1%；交通运输占 7.7%。工业仍是我国控制碳排放增长的重点领域。

（5）2010 年我国终端能源消费的碳排放达到 19 亿 t，相当于 69.8 亿 tCO_2，碳排放的区域分布差异很大。山东省、河北省、江苏省、广东省、河南省、辽宁省、内蒙古自治区、浙江省以及山西省的碳排放量较大，合计约 10.7 亿 t 碳，占全部碳排放的 56.3%。其中以山东省的碳排放量最大，达到 1.86 亿 t 碳，占总排放量的 9.8%；海南省的碳排放最少，为 596.7 万 t 碳（图 9-18）。

（6）与 2009 年相比，2010 年我国碳排放下降了 3.3%。其中，海南、云南、福建、湖北、宁夏等省份的碳排放增速都大于 8%，贵州、广东、湖南、新疆、安徽等省份的碳排放呈下降趋势。

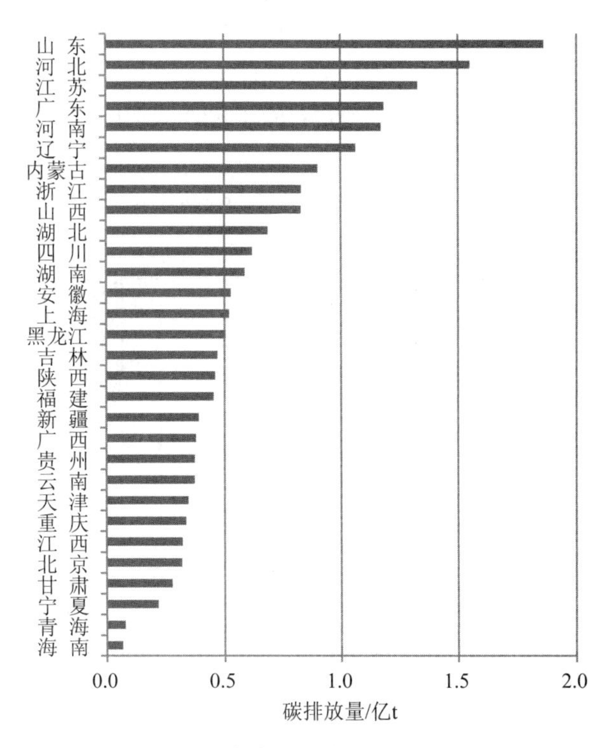

图 9-18 2010 年各省（市、区）的碳排放量

9.5 “十一五”污染减排账户[①]

《国民经济和社会发展第十一个五年规划纲要》提出了“十一五”期间单位国内生产总值能耗降低 20%左右，主要污染物排放总量减少 10%的约束性指标。在“区域限批”和“行政问责制”等重要措施的保障作用下，我国第一次超额实现减排目标。根据环境统计数据，到 2010 年，全国 COD 和 SO_2 排放量分别比 2005 年下降 12.5%和 14.3%，即 COD 排放量由 2005 年的 1 414.2 万 t 减少到 1 272.8 万 t，SO_2 排放量由 2005 年的 2 549.4 万 t 减少到 2 294.4 万 t。

9.5.1 “十一五”污染物减排效果分析

SO_2 提前实现减排目标。2006 年，我国 SO_2 比上年增排 4.4%，2007 年开始逐年减排，2007 年减排 5.2%，2008 年减排 8.9%，2009

① “十一五”污染减排账户数据源为环境统计数据。

年减排 13%，2010 年减排 14.3%，提前实现了“十一五”的减排目标。COD 如期实现减排目标。2006 年 COD 增排 1%，2007 年 COD 减排 2.3%，2008 年减排 6.6%，2009 年减排 9.6%，2010 年减排 12.5%，如期实现减排目标（图 9-19）。

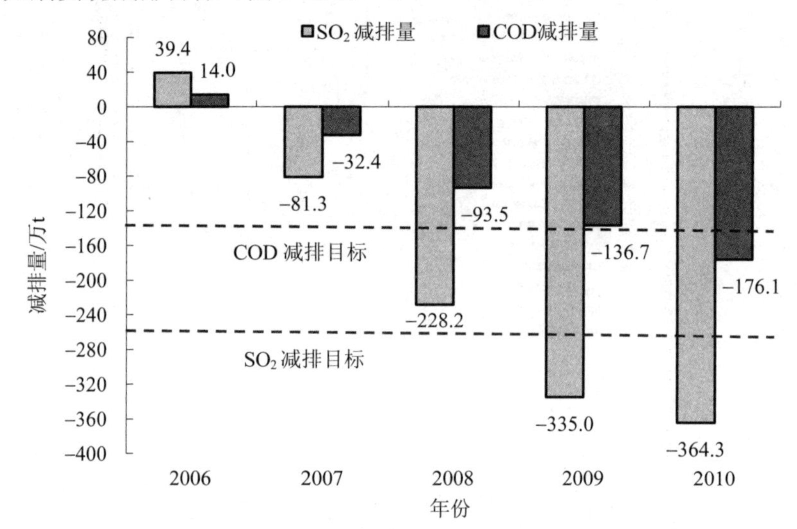

图 9-19 SO_2 和 COD 相对 2005 年的减排量

9.5.2 工业行业 SO_2 减排效果分析

（1）“十一五”期间，工业行业 SO_2 减排力度逐年增加。2006 年工业行业 SO_2 增排 3.1%，2007 年减排 1.3%，2008 年减排 8.2%，2009 年减排 13.9%，2010 年减排 14%。

（2）电力、化工、石化行业“十一五”减排成效显著。排放贡献度超过 53%的电力生产行业在 2009 年和 2010 年减排力度大，分别减排 20%和 22.9%，据统计火电脱硫装机比重由 2005 年的 12%提高到 2010 年的 82.6%。化工行业和石油化工行业的减排幅度持续增加，2010 年分别减排 10.9%和 10.3%。

（3）冶金行业不减反增。排放贡献度超过 10%的第二大排放行业黑色冶金行业和第四大排放行业有色冶金行业减排效果不佳，排放量不降反增，2010 年，黑色冶金增排 24%，有色冶金增排 13.6%，“十二五”期间需要重点加大这两个行业的减排监管（图 9-20）。

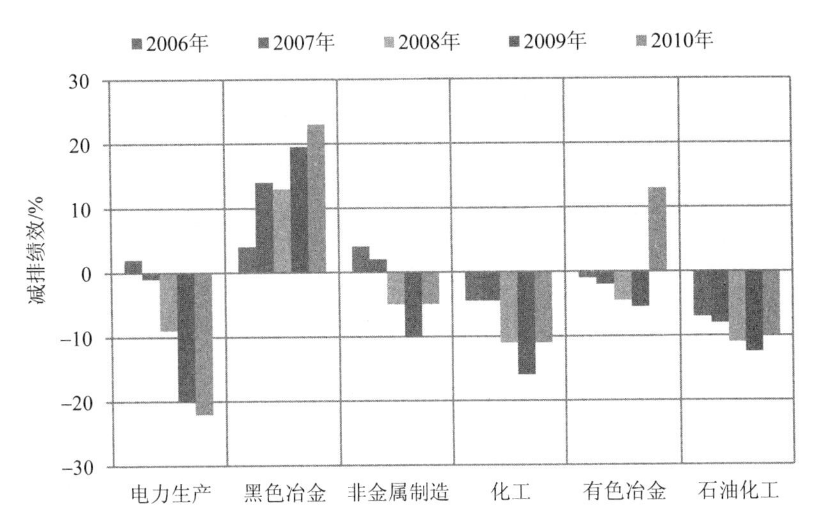

图 9-20 2010 年主要 SO_2 排放行业减排绩效

9.5.3 工业行业 COD 减排效果分析

（1）工业行业 COD 减排力度大。2006 年工业行业 COD 减排 2.4%，2007 年减排 7.8%，2008 年减排 17.5%，2009 年减排 20.7%，2010 年减排 21.6%，2008 年工业行业就实现了 COD 减排目标（图 9-21）。

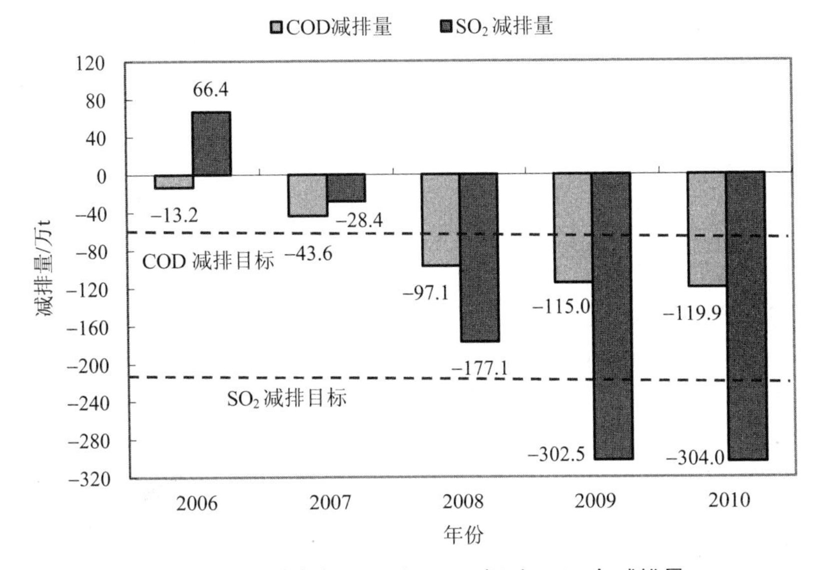

图 9-21 工业部门 SO_2 和 COD 相对 2005 年减排量

（2）在主要的 COD 排放行业中，造纸、农副加工、化工等行业减排成效较大。其中，造纸业 2008 年、2009 年、2010 年分别减排 19.3%、31.3%、40.4%，农副加工业分别减排 13.4%、22.3%、26.8%，化工制造业减排 26.8%、24.9%、21.5%。而纺织业、饮料制造业和化学纤维的 COD 排放都成增加趋势，2010 年，这 3 个行业分别增排 0.7%、16.6%、20%（图 9-22）。

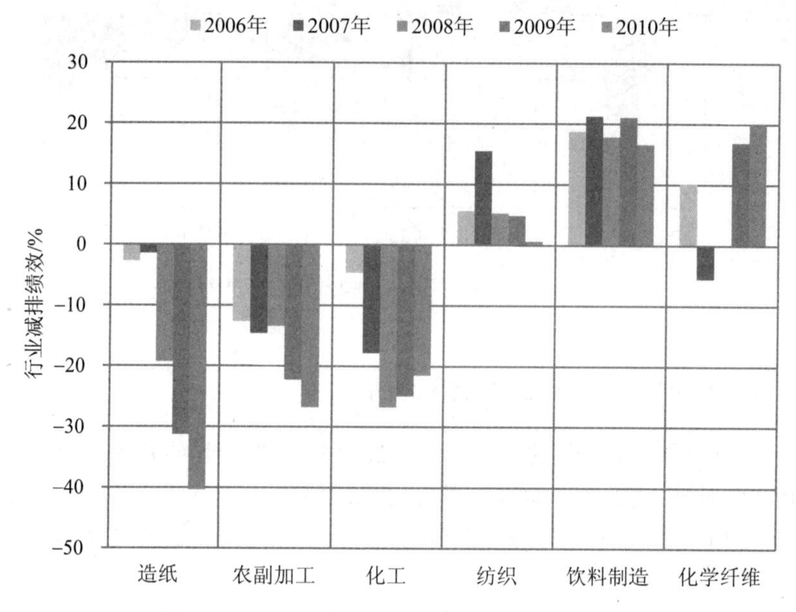

图 9-22　2010 年主要 COD 排放行业减排绩效

9.5.4　生活 COD 减排效果分析

生活部门 COD 减排效果不佳。“十一五”期间，加大了对城市污水治理设施的投资，城市污染处理率由 2005 年的 52%提高到 2010 年的 72%，但生活部门 COD 减排效果不佳。生活部门 COD 排放量占工业和生活总排放量的 65%，但 2009 年之前，其排放量不减反增，由 2005 年的 859.5 万 t 上升到 2008 年的 863.1 万 t，2009 年其排放量下降为 837.8 万 t，比 2005 年减排 2.5%，2010 年排放量为 803.3 万 t，比 2005 年减排 6.5%。“十二五”期间，需要进一步加大对城市污水的治理投资和监管力度，提高城市污水治理设施的运行效率（图 9-23）。

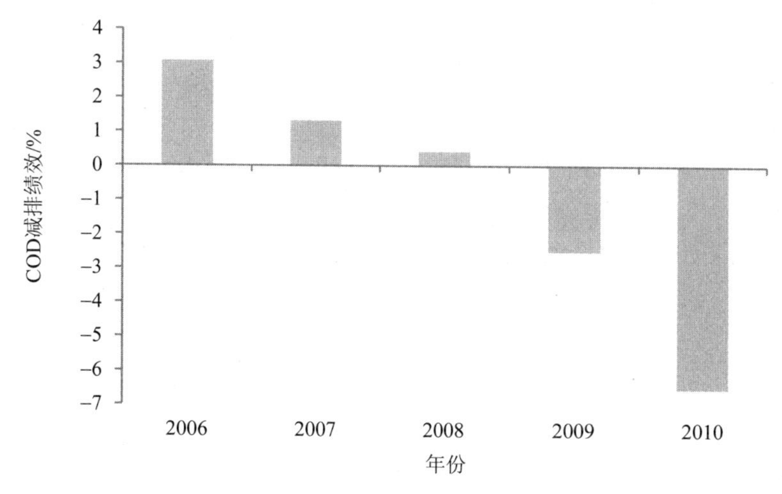

图 9-23　2010 年生活部门 COD 减排绩效

从区域来看，SO_2 排放大省的减排成效显著。2010 年，除内蒙古（4.2%）外，我国 SO_2 排放量大的省份，其减排率都在 10%以上。其中，北京（39.8%）、上海（30.2%）、江苏（23.5%）、山东（23.2%）、浙江（21.1%）、广东（18.8%）、山西（17.6%）、河南（17.6%）、河北（17.5%）、陕西（15.5%）等省份 SO_2 减排成效显著，超额完成了“十一五”减排任务。新疆、青海、海南、西藏等省份“十一五”SO_2 减排目标为 0，但这些省份“十一五”期间 SO_2 排放量仍呈增加趋势，分别增加了 13.3%、15.3%、31.8%和 100%（图 9-24）。

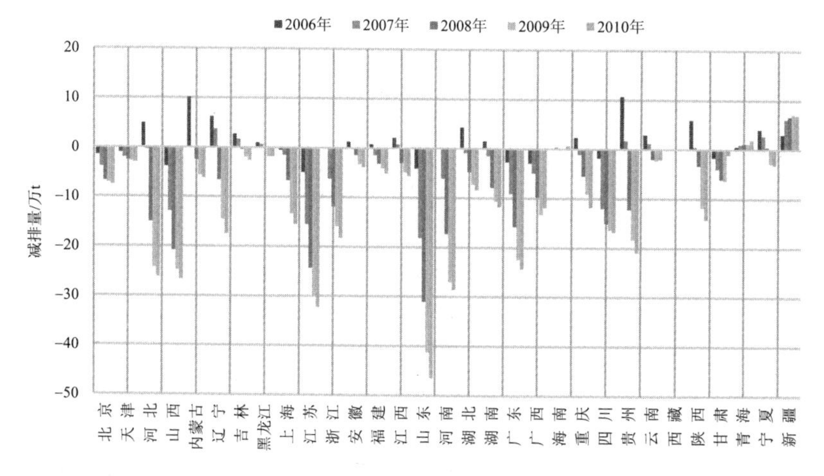

图 9-24　2010 年 31 省（市、区）相对 2005 年的 SO_2 减排量

COD 排放大省的减排效果不一。2010 年，COD 排放量大的前 10 个省份中，广东（18.9%）、江苏（18.4%）、山东（19.1%）、河南（14%）、河北（17.4）、湖北（7.1%）等省份 COD 减排成效显著，实现减排目标；而广西（12.4%）、湖南（10.8%）、四川（5.4%）、湖北（7.1%）、安徽（7.4%）、福建（5.3%）等 COD 排放量较大的省份基本实现 COD 减排目标。青海、新疆和西藏这 3 个省份 COD 排放量呈增加趋势（图 9-25）。

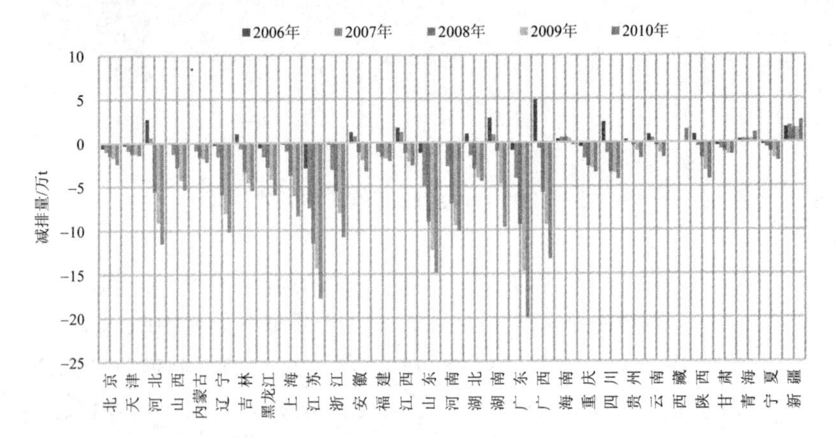

图 9-25　2010 年 31 省（市、区）相对 2005 年的 COD 减排量

第 10 章 物质流核算账户

经济系统的物质流核算分析（EW-MFA），是一个在国家层面对经济系统的物质代谢过程进行系统全面实物量核算的体系工具，其基本内容是定量刻画一个经济系统的资源能源输入与废物产生/排放的状态。2011 年 6 月初，欧洲议会（EP）通过了“超越 GDP”决议以及《欧盟环境经济核算法规》，这项法规的颁布意味着可以在第一时间里取得与国民核算体系相融的三项数据，物质流就是其三项数据之一。为转变长期以来经济增长的粗放型模式，我国实施了发展循环经济的重大战略。2008 年通过的《循环经济促进法》，明确规定了建立循环经济评价指标体系的要求，并围绕有关重要资源能源实物量的统计核算，推动着循环经济指标构建的实践。特别是“十二五”社会经济发展规划，首次列入了资源产出率指标。国际环境经济核算发展趋势与国内资源—能源—环境管理工作都对物质流核算提出了现实需求。本书在 EW-MFA 的基础上形成 Chinese Economy-Wide Material Flow Analysis（CEW-MFA）核算框架，对中国 2000—2010 年物质消耗量、物质循环量和资源产出率等指标进行了核算。

10.1 国家尺度物质流核算结果

（1）随着我国经济的快速发展和对节能减排工作的逐步重视，在 EW-MFA 的基础上建立适合我国实际需要的物质流分析体系，从而建立“可操作、可量化、可考核、可引导决策”的循环经济指标，借以评价国家可持续发展状况尤为必要。所以，首先需要在 EW-MFA 的基础上对国家和省域层面的直接流、间接流和衍生流进行计算，识别我国现阶段的物质代谢管理需求，在 EW-MFA 的基础上形成 Chinese Economy-Wide Material Flow Analysis（CEW-MFA）。使用 CEW-MFA 对我国物质代谢的模式进行初步评价，既满足国际比较的需要，又可为我国制定相应循环经济物质代谢管理规划提供借鉴。

（2）CEW-MFA 在遵循 EW-MFA 基本物质平衡理论和系统边界定义的基础上，从物质循环、固体废物以及物质流衍生指标 3 个主要方面，进行了细分和补充拓展。在保证测算结果具有国际可比性的前提下，针对我国现阶段的重点领域、重点物质进行物质的细分，力求贴近我国资源效率管理的实际需求。

（3）研究报告选取我国"十五""十一五"期间的高速发展阶段作为研究时段，着重分析 2000—2010 年我国物质流的主要变化特征（表 10-1）。

表 10-1　2000—2010 年主要物质流指标测算结果　单位：10^6t

年份	本地采掘	进口	物质贸易平衡	出口	直接物质投入	本地物质消耗	向环境排放	工业固体废物利用量	农业固体废物利用量	生产过程固体废物综合利用量	再生资源回收量	直接再利用量	经济系统物质总循环量
2000	5 582	312	85	227	5 895	5 668	4 483	374	424	798	117	0.80	894
2001	5 825	347	77	270	6 173	5 903	4 619	472	422	894	127	1.10	997
2002	6 166	414	−685	1 099	6 581	6 166	5 167	500	431	931	135	1.69	1 040
2003	6 657	665	−530	1 195	7 181	6 657	5 742	560	407	967	148	2.02	1 084
2004	6 625	658	−688	1 346	7 284	6 625	6 488	677	443	1 120	159	2.76	1 246
2005	6 919	691	−544	1 235	7 672	6 919	7 240	769	453	1 222	173	3.01	1 355
2006	7 403	848	−310	1 158	8 251	7 093	7 540	926	461	1 387	191	3.93	1 535
2007	9 157	964	−506	1 470	10 121	8 651	6 829	1 103	467	1 570	214	5.30	1 736
2008	9 812	1 035	−216	1 251	10 847	9 596	6 825	1 235	505	1 740	231	6.30	1 920
2009	10 009	1 412	566	1 129	11 421	10 292	6 967	1 382	538	1 920	252	8.43	2 128
2010	10 333	1 576	382	1 195	11 909	10 714	7 322	1 618	593	2 211	282	7.98	2 429

专栏 10.1 物质流核算主要指标

DMI：本地物质投入	DMC：本地物质消耗
TMC：总物质消耗	DMO：本地物质输出
IIM：调入	DPO：本地处置后排放
EX：出口	IM：进口
IEX：调出	CR：经济系统物质总循环量
RU：生产过程固体废物综合利用量	RC：再生资源回收利用量
RE：直接再利用量	IRC：工业固体废物综合利用量
ARC：农业固体废物综合利用量	RME：原材料当量
DEU：本地采掘	PTB：物质贸易平衡
NAS：净增存量	TDO：本地物质总排放

10.1.1 物质消耗量指标变化特征

2000—2010 年，本地物质投入与本地物质消耗均增长迅猛。2000 年本地物质投入接近 60 亿 t，而 2007—2010 年 4 年的本地物质投入均超过了百亿吨。本地物质消耗也于 2010 年突破了百亿吨。表明近 10 年来，我国在经济发展的同时，物质投入与消耗也大幅上升，经济增长仍高度依赖自然资源的投入（图 10-1）。

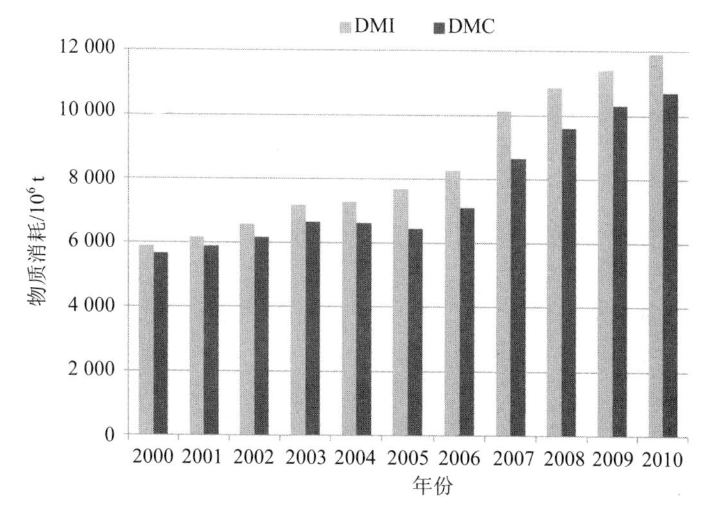

图 10-1 2000—2010 年本地物质投入、本地物质消耗

10.1.2 物质循环量指标变化特征

（1）生产过程固体废物综合利用量（RU）对经济系统物质总循环量贡献大。2010 年经济系统物质总循环量较 2000 年有超过 1 倍的增长。其中，生产过程固体废物综合利用量增速最快，年增速 11%。2000—2010 年中国 90%的物质循环是在生成过程中完成的。再生资源回收利用量（RC）增速较快，保持每年 8%的增长率。此外，尽管直接再利用量（RE）一直保持持续增长，11 年间却始终没有超过生产过程固体废物综合利用量总量的 0.5%（图 10-2）。

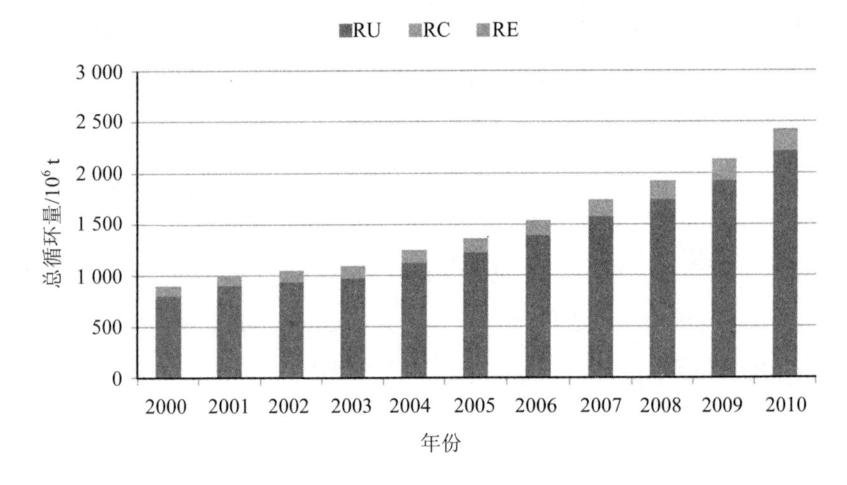

图 10-2 2000—2010 年经济系统物质总循环量

（2）工业固体废物综合利用量增速较快，2010 年占到固体废物综合利用量的 73%。2000—2010 年，农业固体废物综合利用量与工业固体废物综合利用量的年增长速度分别为 4%和 16%。2000 年，工业固体废物综合利用尚处于较低水平，占固体废物综合利用量的 47%；但此后迅速提升，2007 年，工业固体废物利用水平已经超过了 90%（图 10-3）。

（3）2000—2010 年，再生资源回收利用量的总量以及每个子类均保持增长。2000 年，对再生资源回收利用量贡献最大的物质类别为废钢铁（64%）、废纸（14%）以及建筑材料（10%）。2010 年主要的 3 种贡献物质没有改变，但钢铁的比重有所下降，废钢铁比重下降为 51%、废纸为 19%、建筑材料为 15%。需要注意的是，废钢铁以及废纸的综合利用所带来的环境效益比建筑材料的环境效益高，废钢铁和废纸的综合利用可以大幅减少能源消耗和废物排放（图 10-4）。

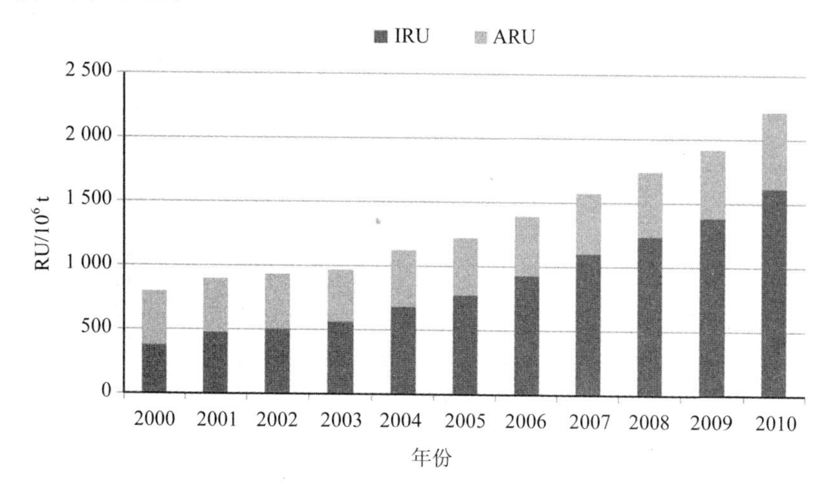

图 10-3　农业固体废物综合利用和工业固体废物综合利用量

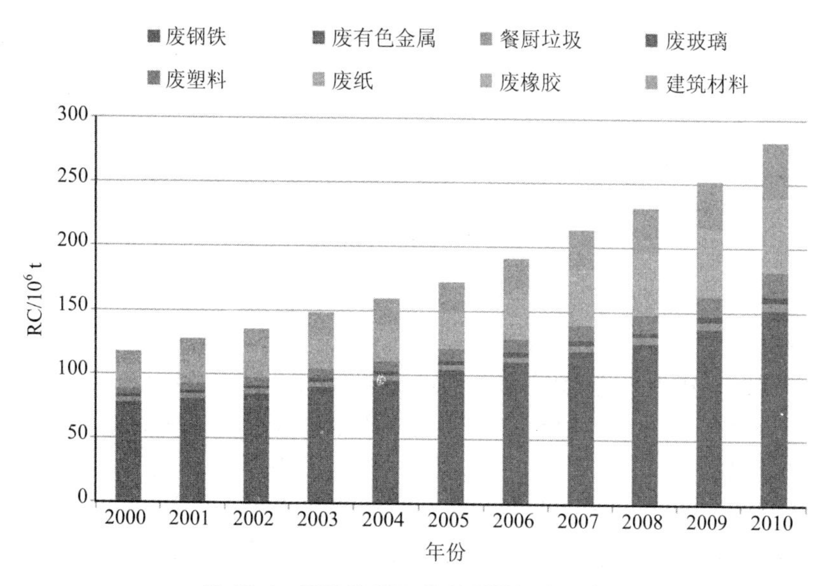

图 10-4　再生资源回收利用量的主要来源

2000—2010 年，直接再利用量（RE）保持了年均 30%的增长率，其中包装物的增长速度较缓，致使其在直接再利用量中的比重从 17%降至 3%。而 2010 年的情况有所不同，除了包装物与二手汽车始终保持增长外，二手电子电器在 2010 年有非常显著的下降，导致直接再利用量总量在 2010 年出现了 5%的小幅回落，其主要原因是 2009 年下半年开始实施的“家电以旧换新”政策影响所致（图 10-5）。

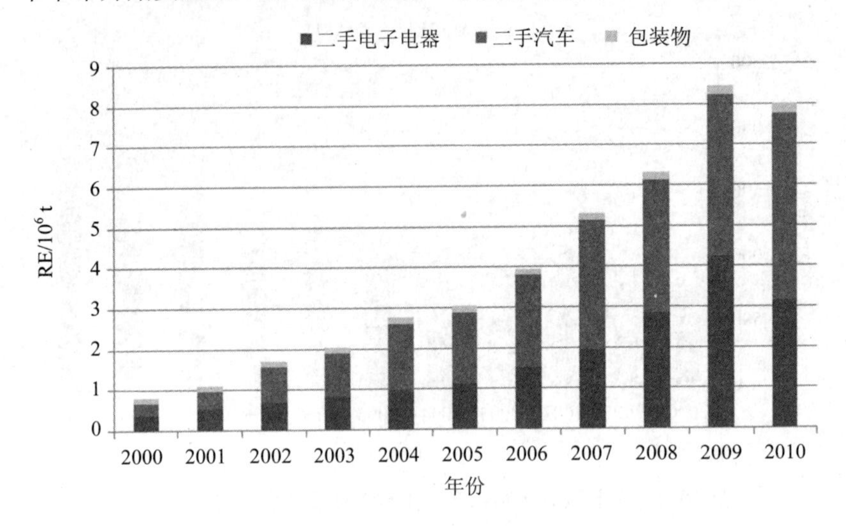

图 10-5　直接再利用量的来源

10.1.3　循环经济指标变化特征

（1）结合 CEW-MFA 主要指标和各年度社会经济数据，得到相应循环经济指标。并通过综合 2000 年之前其他数据，按照各研究的数据口径，筛选结果中本地物质消耗并折算为国家试行资源产出率概念下的调整后的物质消耗（ADMC）。表 10-2 给出了 2000—2010 年循环经济指标及其相关指标。

（2）GDP 与本地采掘、本地物质投入以及本地物质消耗暂无解耦迹象，基本稳定在一个水平。人均本地采掘也基本稳定在 4.2 t/人的范围内，然而人均本地物质投入出现了较大增长趋势，说明我国的国内物质采掘上升空间不大，对外部资源的依赖程度在不断增加。调整后本地物质消耗由于选取物质种类较少，比本地物质消耗数值小，计算所得的资源产出率数值较高。人均本地物质消耗和调整后本地物质消耗则出现了较大的增长趋势，我国在人口增速较低的前提下，物质消耗总量不断增大导致了人均物质消耗的持续增加。

表 10-2　2000—2010 年循环经济指标

指标＼年份	2000	2001	2002	2003	2004	2005	2006	2007	2008	2009	2010
GDP/本地采掘/（元/t）	1 777.0	1 845.0	1 901.0	1 937.0	2 143.0	2 264.0	2 405.0	2 220.0	2 271.0	2 427.0	2 605.0
GDP/本地物质投入/（元/t）	1 683.0	1 741.0	1 781.0	1 796.0	1 949.0	2 060.0	2 158.0	2 008.0	2 055.0	2 127.0	2 260.0
GDP/本地物质消耗/（元/t）	1 750.0	1 820.0	1 901.0	1 937.0	2 143.0	2 455.0	2 510.0	2 350.0	2 322.0	2 360.0	2 512.0
GDP/调整后本地物质消耗/（元/t）	3 122.0	3 166.0	3 242.0	3 142.0	3 421.0	3 566.0	3 486.0	3 452.0	3 432.0	3 434.0	3 515.0
本地采掘人口/（t/人）	4.4	4.6	4.8	5.2	5.1	5.3	5.6	6.9	7.4	7.5	7.7
本地物质投入/人口/（t/人）	4.7	4.8	5.1	5.6	5.6	5.9	6.3	7.7	8.2	8.6	8.9
本地物质消耗/人口/（t/人）	4.5	4.6	4.8	5.2	5.1	4.9	5.4	6.5	7.2	7.7	7.9
调整后本地物质消耗/人口/（t/人）	2.5	2.7	2.8	3.2	3.2	3.4	3.9	4.5	4.9	5.3	5.7
经济系统物质总循环量/（经济系统物质总循环量+本地物质投入）/%	13.2	13.9	13.6	13.1	14.6	15.0	15.7	14.6	15.0	15.7	16.8
经济系统物质总循环量/总的废物产生量/%	46.8	49.0	48.3	47.9	48.3	47.9	49.5	50.7	52.0	53.7	54.1

10.1.4　资源产出率国际对比

（1）我国经济增长的资源产出率指标显示我国总体资源产出效率低下，在国际上仍处于下游水平。由图 10-6 可知，发达国家经济增长的资源产出率都呈上升趋势，但“十一五”期间，我国经济增长的资源产出率整体较低，大体浮动于 2 100～2 300 元/t 的水平上。

（2）通过我国物质流核算结果及初步分析结果来看，“十一五”期间我国经济发展的物质代谢过程，虽然呈现出一定程度的废物循环利用规模增加和环境污染排放数量下降的趋势，但依靠资源高投入的经济发展整体局面与模式并未得以明显改进。当前，我国直接物质消耗过高，且资源利用效率较低。如果不能从根本上大幅度提升资源生产力水平，改进经济系统的资源能源利用效率低下的状态，在未来一段时期，经济持续增长的驱动下，不仅会加剧物质投入与消耗不断上涨的局面，而且也难以保障持续增加的经济系统废物与污染排放对环境的压力，从而制约我国经济又好又快的发展。

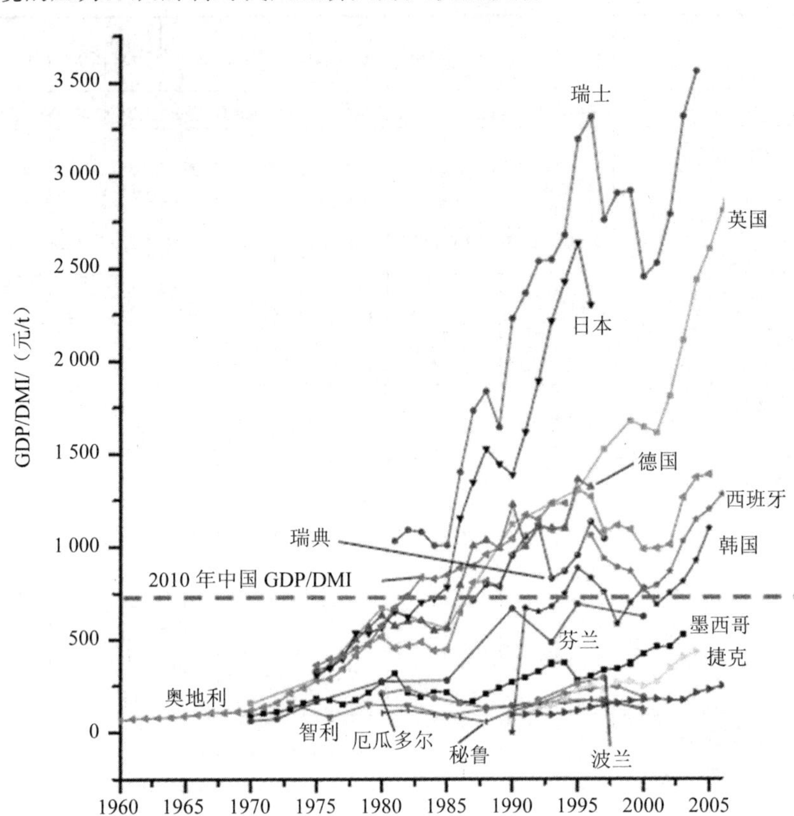

图 10-6　中国 2010 年 GDP/DMI 水平

10.2　省级尺度物质流核算结果

10.2.1　物质消耗量指标变化特征

我国各省份的本地物质投入和本地物质消耗总量在 2000—2010 年均呈增长趋势。2000 年本地物质投入总量超过 5 亿 t 的省份仅有山东、云南和广东三省，2010 年本地物质投入超过 5 亿 t 的省份则有 18 个，主要包括内蒙古、黑龙江、吉林、辽宁、河北、山西、陕西、山东、江苏、河南、云南、四川、江西、湖南、浙江等。本地物质消耗变化情况与本地物质投入类似，2000 年没有本地物质消耗总量超过 5 亿 t 的省份，2003 年也仅有山东、山西两省的本地物质消耗突破了 5 亿 t，而 2010 年则有 14 个省份的本地物质消耗突破了 5 亿 t，分别为内蒙古、黑龙江、吉林、河北、山西、陕西、山东、江苏、浙江、云南、贵州、广西等。近 10 年来，各省经济在飞速发展的同时，物质投入也随之大幅上升，各地经济增长仍以大量的自然资源投入为支撑。

10.2.2 物质循环量指标变化特征

2000—2010 年各省生产过程固体废物综合利用量和再生资源循环量均保持增长态势。由于工业固体废物综合利用量是固体废物综合利用量的主要组成部分，生产过程固体废物综合利用量的增长主要由工业固体废物综合利用量贡献，山东省和江苏省工业固体废物综合利用量增速最为明显。东部省份生产过程中固体废物综合利用量水平较高，西部省份固体废物综合利用量绝对值虽少，但幅度较大，这与我国西部大开发战略将工业引入西部地区有直接的关系。相比而言，再生资源直接再利用量虽然总量较少，但是增长率较高，各省 2010 年较 2000 年均有超过 100%的增幅。

10.2.3 省级物质流特征分析

（1）物质投入与使用总量与 GDP 的耦合度存在区域性差异。大部分省份 GDP 排名与本地物质投入、本地物质消耗排名不一致。广东、江苏、辽宁、上海、湖北、福建、北京的 GDP 排名高于本地物质投入与本地物质消耗排名，黑龙江、安徽、天津、云南、山西、新疆、贵州的物质投入与消耗排名高于 GDP 排名。产业结构的不同导致有些省份 GDP 与物质排名的倒挂。值得注意的是，广东省的情况最为特殊，其 GDP 排名与本地物质消耗排名仅差一位，而本地物质投入排名却为全国最低水平的省份之一（图 10-7）。

（2）资源产出效率存在区域差异。上海、湖北、福建、湖南、北京、天津、重庆、海南的资源效率排名高于 GDP，说明这些省份相比其他省份更具备物质解耦的趋势。北京、上海、天津和重庆 4 个直辖市的表现尤为突出，资源效率与 GDP 排名的差别最大，这与直辖市第三产业比重较大有关。传统资源大省，如山东、河南、山西、内蒙古等，均表现为产出同等 GDP 却消耗了更多资源的特征（图 10-8）。

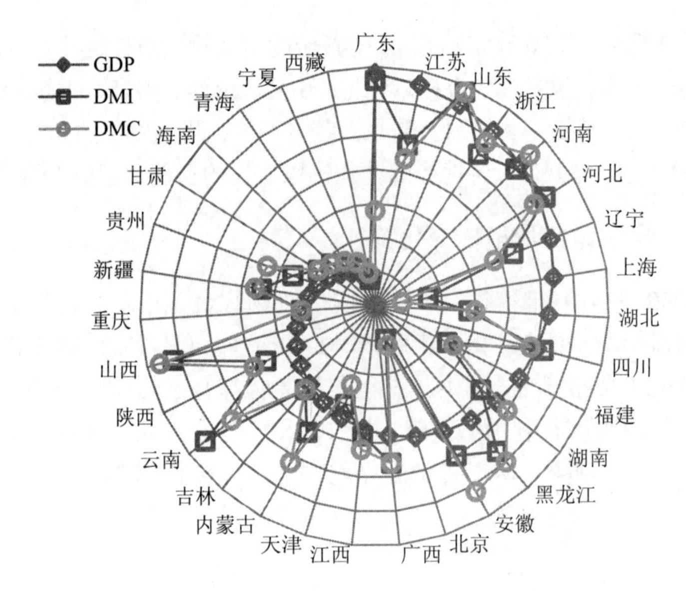

图 10-7　各省（市、区）GDP、DMI、DMC

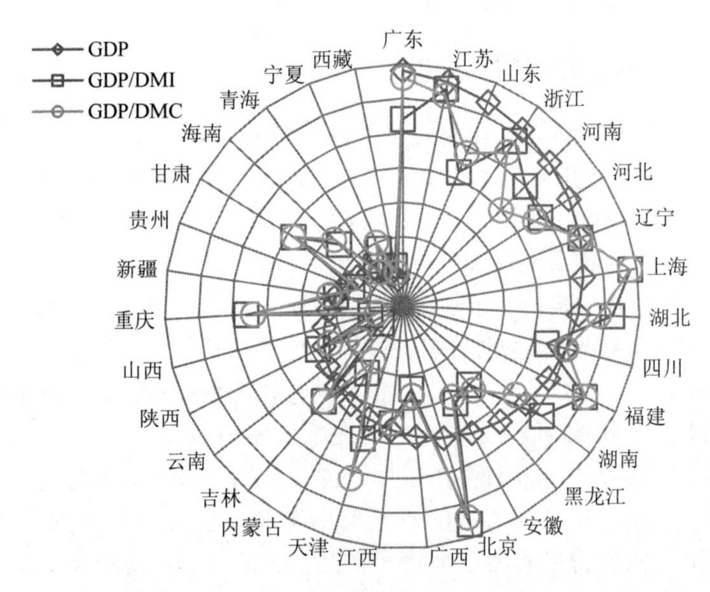

图 10-8　各省（市、区）GDP、GDP/DMI 及 GDP/DMC

（3）人均物质使用与总量存在差异。人均本地物质消耗排名高于本地物质消耗总量排名的省份大部分是经济欠发达地区，如西藏、青海、宁夏、海南、湖北、新疆、内蒙古等。较低的生活水平导致了较少的人均物质消耗，反观很多经济发达地区由于人均生活水平、生活质量较高而消耗了大量的资源，人均本地物质消耗处于高水平。所以使用人均物质消耗来衡量中国现阶段各省份的综合资源效率并不合适（图10-9）。

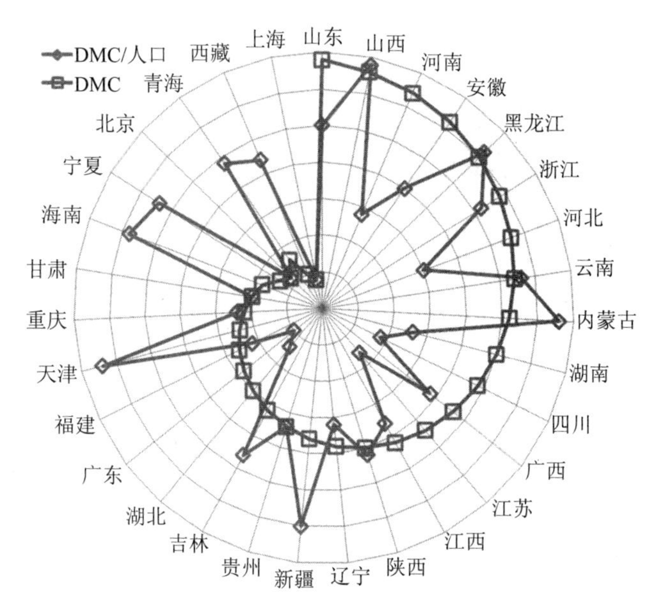

图 10-9　各省（市、区）DMC 总量与人均 DMC 综合排名

第11章 环境质量账户

环境质量按照要素来分，主要包括水环境、大气环境、固体废物和声环境四大类。其中水环境方面，“十一五”以来，全国地表水水质持续好转，但水环境质量依然不容乐观，水质改善缓慢，主要由于重污染行业 COD 去除率低，导致工业废水污染治理效率低下，农业面源污染治理薄弱等原因造成。大气环境方面，“十一五”以来，重点城市环境空气质量显著改善，2010 年，全国城市空气质量总体良好，环境保护重点城市总体平均的二氧化氮和可吸入颗粒物浓度与 2009 年相比略有上升。

11.1 环境质量

从能够基本反映我国环境质量状况、具有比较连续监测数据的环境指标中选取具有代表性的指标，建立环境质量账户，除直接反映环境质量指标外，还反映治理水平，从治理层面体现环境质量变动原因。表 11-1 为我国的环境质量变化趋势，数据反映近年来我国环境质量有所改善，总体趋于好转，但部分指标仍有所波动。

表 11-1 环境质量账户变化趋势 单位：%

指标		1998	2005	2006	2007	2008	2009	2010
水环境	全国地表水监测断面劣于Ⅴ类的比例	37.7	27.0	26.0	23.6	20.8	20.6	16.4
	近岸海域水质监测点位劣于Ⅳ类的比例	31.5	18.4	17.0	18.3	12.0	14.4	18.5
	工业废水 COD 去除率	48.3	58.9	60.3	66.2	68.8	75.0	79.8
	城镇污水处理率	29.6	52.0	55.7	62.9	70.3	63.3	72.9
大气环境	优于Ⅱ级以上城市的比例	27.6	51.9	56.6	69.8	76.8	79.2	82.8
	工业废气二氧化硫（SO_2）去除率	18.1[1)]	32.4[2)]	37.4[2)]	44.1[2)]	53.4[2)]	60.6	64.4
	工业废气氮氧化物（NO_x）去除率[2)]	—	2.0	2.0	6.52	5.44	5	4.8
固体废物	工业固体废物综合利用率[2)]	41.7	56.1	60.9	62.8	64.3	67.8	67.1
	城镇生活垃圾无害化处理率	60.0	43.3	41.8	49.1	51.9	54.7	57.3
声环境	区域声环境质量高于较好水平城市占省控以上城市比例	—	63.8	68.8	72.0	71.7	76.1	73.7

注：1）1999 年数据；2）中国环境经济核算结果。

数据来源：中国环境统计年报、全国环境质量年报书和中国城市建设统计年鉴。

11.2　水环境

11.2.1　地表水水质

（1）“十一五”以来，全国地表水水质持续好转。2010 年，地表水总体为中度污染，409 个地表水国控监测断面中，劣Ⅴ类水质断面比例为 16.4%，达到《国家环境保护“十一五”规划》目标（<22%）要求。Ⅰ～Ⅲ类水质断面比例占 59.9%，较 2009 年提高了 3 个百分点，较 2005 年提高了 19 个百分点，达到《国家环境保护“十一五”规划》目标（>43%）要求（图 11-1）。

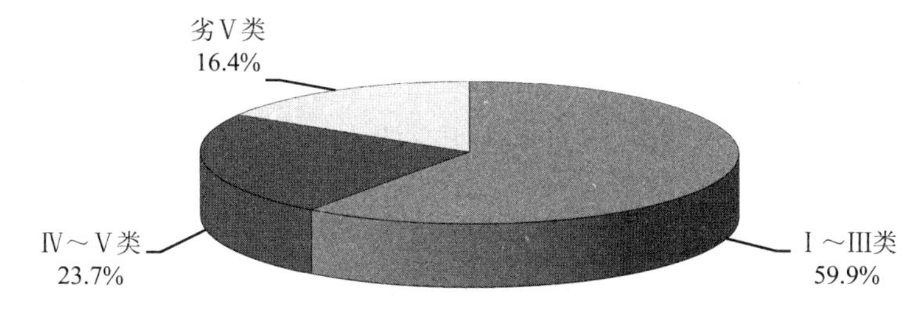

图 11-1　2010 年不同水质比例

（2）全国地表水国控断面高锰酸盐指数（COD_{Mn}）年平均质量浓度呈逐年下降趋势。2010 年高锰酸盐指数年平均浓度较 2009 年下降了 3.9%，较 2005 年下降了 31.9%，好于国家地表水环境质量Ⅲ类水质标准。地表水氨氮年平均浓度超过Ⅲ类水质标准，成为影响水环境质量的重要因素。值得注意的是，部分国控断面出现重金属超标现象，西南诸河、海河、长江、黄河等水系共有 40 个断面出现铅、汞等重金属超标现象（图 11-2）。

（3）我国湖泊污染严重，富营养化问题突出。2010 年，26 个国控重点湖泊中，营养状态为重度富营养的 1 个，占 3.8%；中度富营养的 2 个，占 7.7%；轻度富营养的 11 个，占 42.3%；其他均为中营养，占 46.2%。其中太湖、滇池及洞庭湖的湖体为重度污染，滇池属重度富营养化。与 2009 年相比，Ⅰ类、Ⅴ类水质水体与Ⅰ～Ⅱ类水质水体有所降低，但劣Ⅴ类水质水体有所升高，呈现出我国湖泊水库水质“两极分化”和局部改善但总体恶化的特点（图 11-3）。

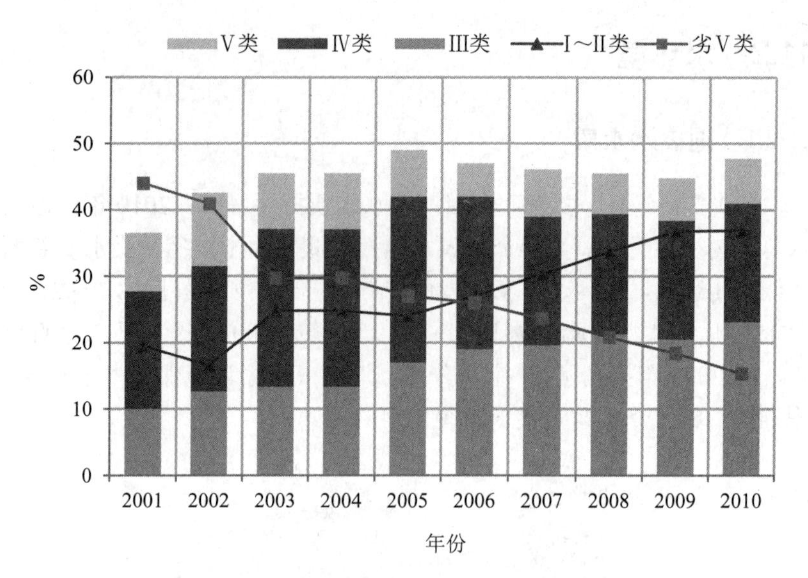

图 11-2 七大江河水质状况（2001—2010 年）

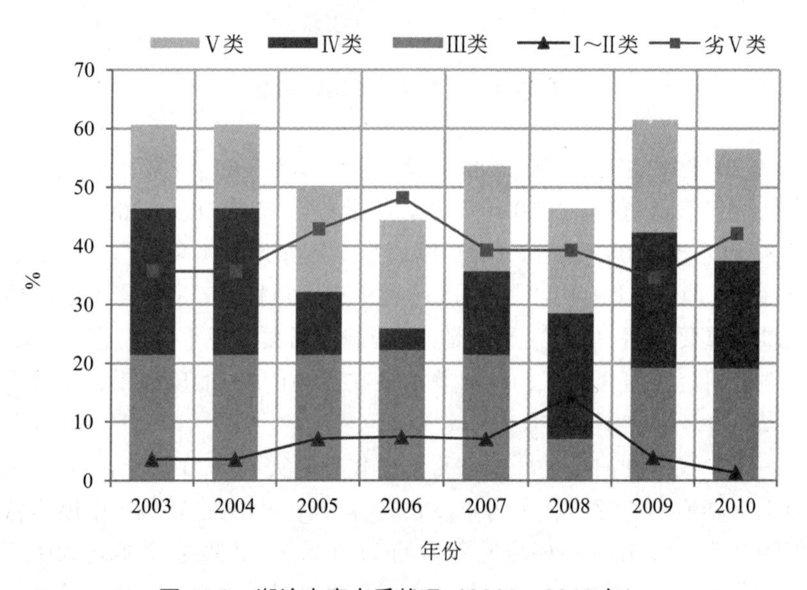

图 11-3 湖泊水库水质状况（2003—2010 年）

11.2.2 近海海域水质

（1）2010 年，全国近岸海域为轻度污染。一、二类海水比例占 62.7%，较 2009 年下降 10.2 个百分点，较 2005 年下降 4.5 个百分点。

三类海水比例为 14.1%，四类和劣四类海水比例为 23.2%，主要污染指标为无机氮和活性磷酸盐。

（2）9 个重要海湾中，黄河口和北部湾水质为优，胶州湾为轻度污染，辽东湾为中度污染，渤海湾、长江口、杭州湾、闽江口和珠江口为重度污染。11 个沿海省份中，海南、广西、山东一、二类海水比例超过 80%，其中海南一、二类海水比例达到 100%（图 11-4）。

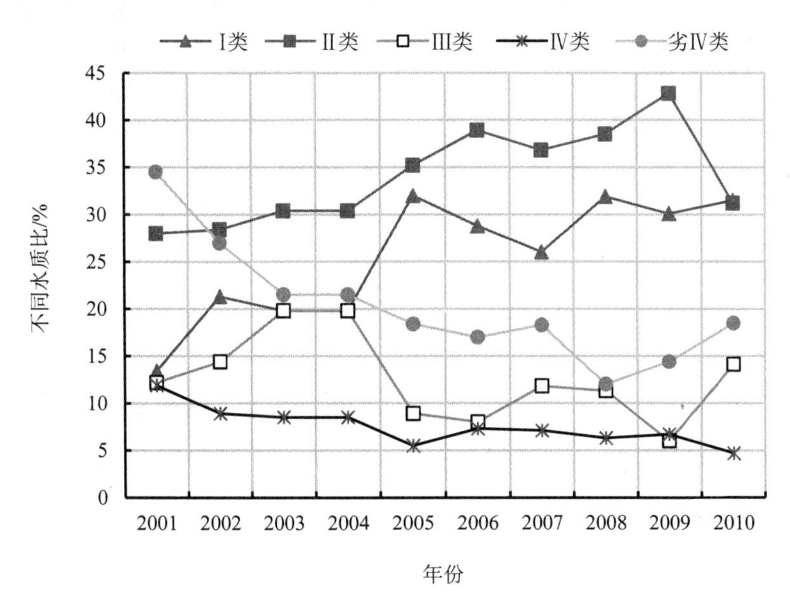

图 11-4　近岸海域水质（2001—2010 年）

11.2.3　水污染成因

我国水环境质量不容乐观，水质改善缓慢，究其原因，主要在于以下几个方面：

（1）10 多年来，水资源总量基本维持平衡，但是随着人口和经济发展压力的日趋加剧，总用水量呈现增长态势，水资源开发利用率也波动增长，对地表水水质产生较大压力。2006 年以来，用水总量增长幅度逐步趋缓，水资源开发利用率基本保持在 20%左右波动，2010 年水资源开发利用率下降到 19.5%（图 11-5）。

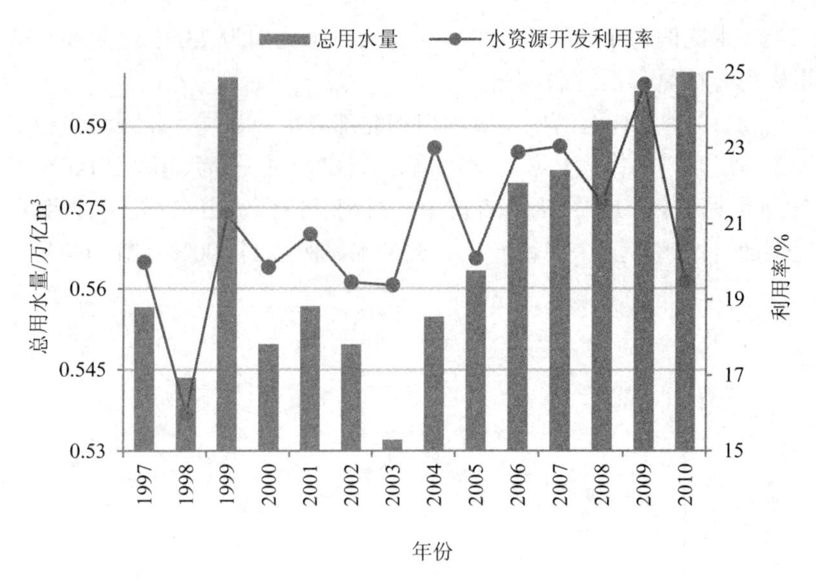

图 11-5 水资源开发利用率（1997—2010 年）

（2）近 30 年来，我国农业化肥施用量节节攀升，超过 5 500 万 t，与此同时，我国耕地面积日渐减少，单位耕地面积化肥施用量逐年增加，到 2010 年年末达到 460 kg/hm²，比 1990 年增长近 69%，超过了国际上为防止水体污染而设置的 225 kg/hm² 化肥施用上限（图 11-6）。包括化肥在内的农业面源污染对我国本已严峻的地表水质环境形成了严重的挑战。

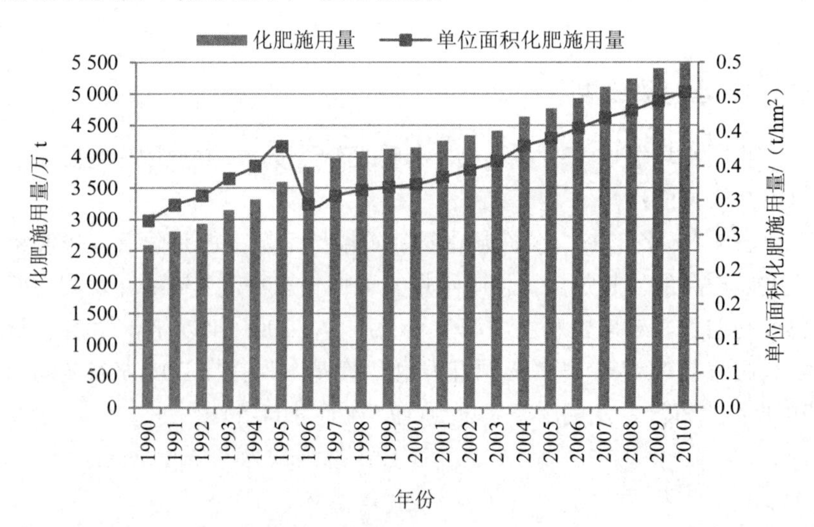

图 11-6 化肥施用量（1990—2010 年）

（3）造纸、食品加工、纺织、饮料制造以及化工是工业 COD 排放量大的行业，其 COD 排放量占总排放量的 72%。2010 年，这 5 个行业的污染物去除率都在 65%～80%徘徊，其中，造纸、食品加工和纺织等排放大户的 COD 去除率低于全国平均水平。重污染行业 COD 去除率低，导致工业废水污染治理效率低下（图 11-7）。

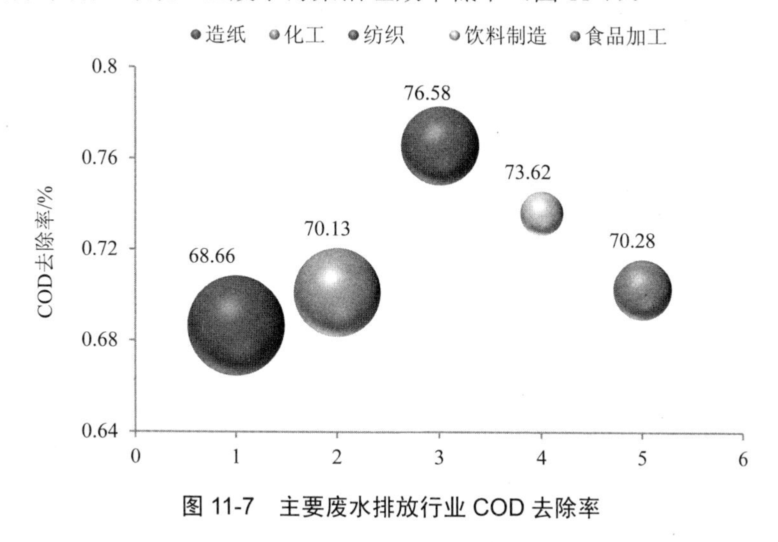

图 11-7　主要废水排放行业 COD 去除率

11.2.4　城镇污水能力显著提高，但运转效率有待提高

（1）“十一五”期间，我国城镇污水处理能力大幅提高，大中城市污染削减贡献大。截至 2010 年年底，全国设市城市、县及部分重点建制镇累计建成城镇污水处理厂由 2003 年的 612 座增加到 3 232 座，总处理能力已超过 1.33 亿 m^3/d，较“十五”末期增长了 2.34 倍（图 11-8）。

（2）尽管城镇污水处理设施日趋完善，但我国城镇污水处理依旧显露出诸多问题：

- 区域发展不平衡导致西部地区污水处理能力不足，给日趋恶化的水环境形成不小的压力。
- 局部地区污水收集管网难以配套，掣肘污水处理厂运转效率的提高。
- 监管制度、管理水平、规划设计等人为缺陷的短板效应。
- 主要城市（省会城市和计划单列市）目前的污水处理率和废水处理设施正常运转率情况还不尽如人意。

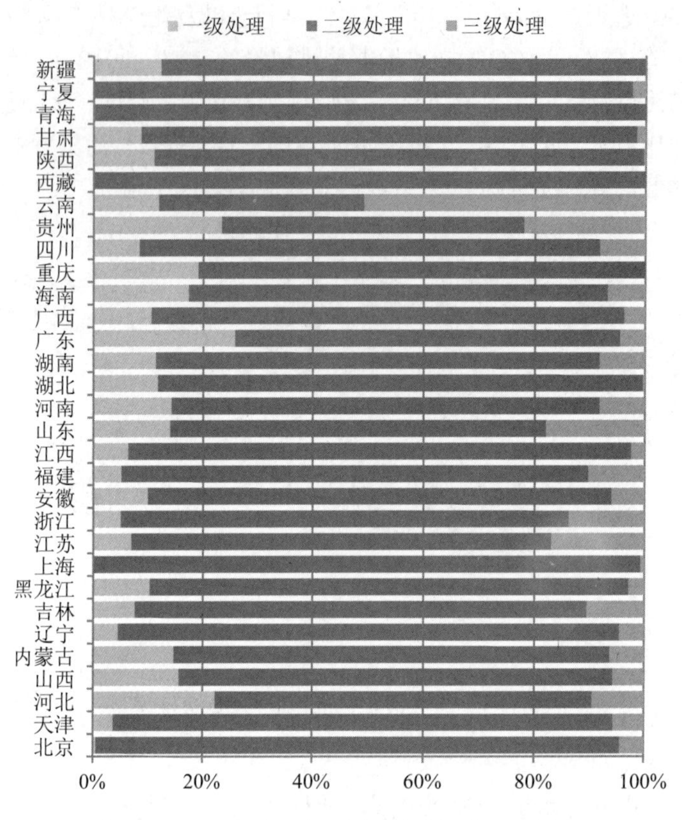

图 11-8　30 个省（市、区）城镇污水处理能力

11.3　大气环境

城市大气质量

（1）“十一五”以来，重点城市环境空气质量显著改善，主要污染物浓度稳中有降，达标城市比例呈攀升态势，劣三级空气质量城市由世纪初的 1/3 强缩减到 2010 年的 1.2%。

（2）2010 年，全国城市空气质量总体良好，全国开展的环境空气质量城市监测中，3.6%的城市达到一级标准，79.2%的城市达到二级标准，15.5%的城市达到三级标准，1.7%的城市劣于三级标准（图 11-9）。2010 年，环境保护重点城市总体平均的二氧化氮和可吸入颗粒物浓度与上年相比略有上升，SO_2 浓度有所降低。

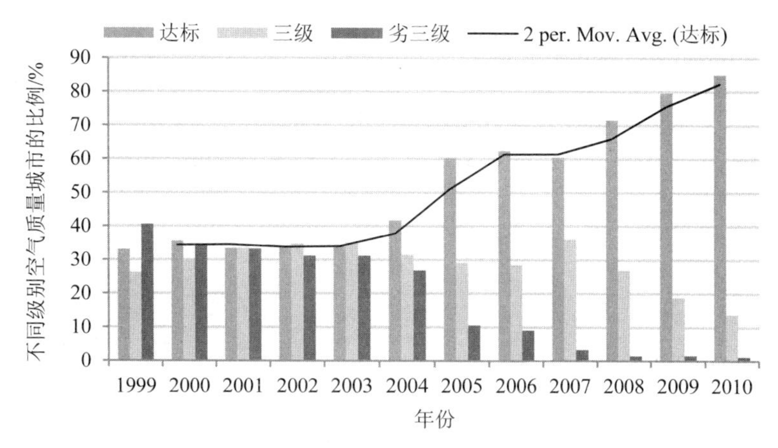

图 11-9 不同级别空气质量城市的比例变化情况

（3）与人体健康关系较大的指标 PM_{10} 年均质量浓度距离世界卫生组织推荐的健康阈值 0.015 mg/m^3 差距明显。2010 年，经人口加权后的 PM_{10} 年均质量浓度呈现小幅上升趋势。全国 PM_{10} 仅 3.9%左右城市达到一级标准，与 2009 年相比有所下降（图 11-10）。

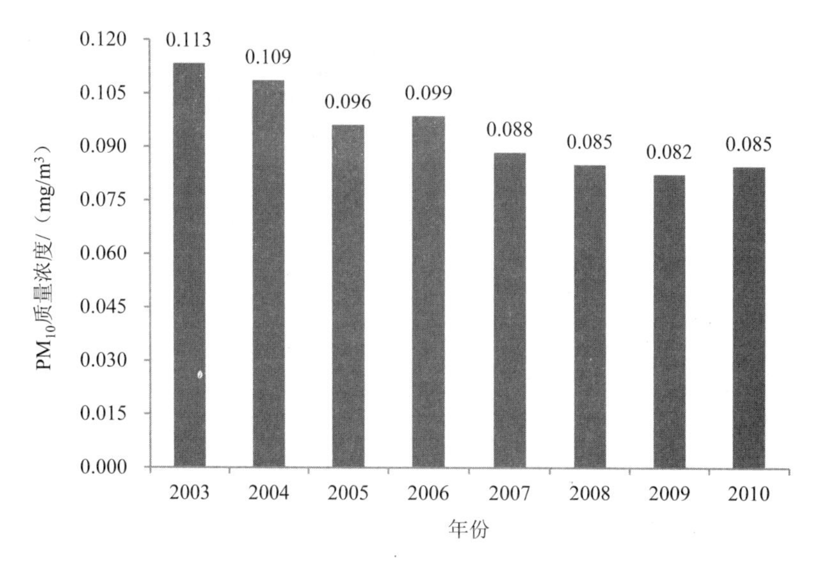

图 11-10 经人口加权的全国平均城市 PM_{10} 质量浓度

我国大气环境质量呈现自南向北逐步趋差的空间格局。2010 年，我国南方地区城市 PM_{10} 平均质量浓度为 0.071 mg/m^3，北方地区城市 PM_{10} 平均质量浓度为 0.083 mg/m^3，我国南方地区空气质量优于北方地区，PM_{10} 达到国家二级标准的城市数量比重高于北方地区。2010 年未达标城市共计 101 个城市，73%的未达标城市位于我国北方地区。北方 PM_{10} 质量浓度大于 0.07 mg/m^3 的城市占监测城市的比重为 63.2%，南方为 52.4%（图 11-11、图 11-12）。

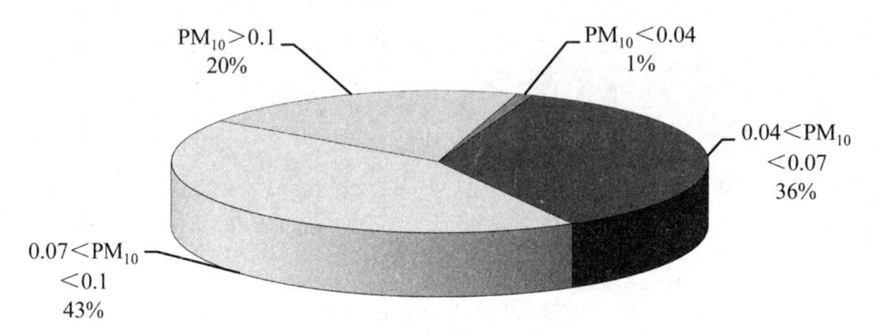

图 11-11　2010 年我国北方不同 PM_{10} 质量浓度比例

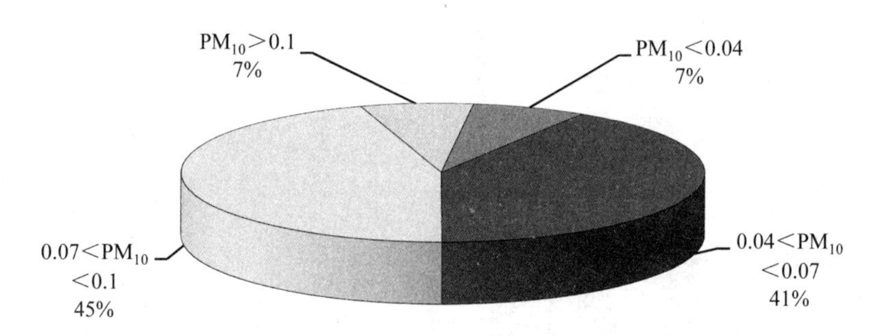

图 11-12　2010 年我国南方不同 PM_{10} 质量浓度比例

第12章 环境保护支出账户

环境保护支出包括工业污染源治理、城市环境建设直接相关的用于形成固定资产的资金投入、治理设施运行费用以及各级政府环境管理方面的支出。其中，各级政府环境管理方面投入的数据获取困难，本报告的环保支出只包括环保投资、运行费用两部分。根据目前环境保护投资的统计口径，环境保护投资主要包括3个方面：①城市环境基础设施建设投资；②工业污染源治理投资；③建设项目“三同时”环境保护投资。环境保护运行费用指进行环境保护活动或维持污染治理运行所发生的经常性费用，包括设备折旧、能源消耗、设备维修、人员工资、管理费、药剂费及设施运行有关的其他费用，以及企业交纳的环境保护税费。

12.1 环境保护支出

（1）2010年环境保护资金共计支出11 150.9亿元，GDP环保支出指数为2.6%。其中，环保投资6 654.2亿元，占环境保护支出总资金的59.7%；环境保护运行费用3 890.9亿元，占环境保护支出总资金的40.3%。

（2）在2010年的环境保护运行费用中，治理设施的运行费用为3 890.9亿元，环境保护税费605.8亿元，分别占总运行费用的86.6%和13.4%。在治理设施的运行费中，企业因生产活动而支出的污染治理设施运行费用，即内部环境保护支出为3 139.2亿元，是城市污水处理和垃圾处理等外部环境保护活动的4.2倍。在内部环保支出中，第二产业是环保支出最大的产业。

表 12-1　2010 年按活动主体分的环境保护支出核算表　　单位：亿元

核算主体 / 核算对象	外部环境保护				内部环境保护				总计
	城市污水处理	城市垃圾处理	其他外部环保活动	合计	第一产业	第二产业	第三产业	产业总计	
运行费用	258.9	128.3	364.0	751.7	229.5	2 057.7	852	3 139.2	3 890.9
资源税									417.6
排污费等									188.2
运行费用合计									4 496.7
投资性支出	—	—	—	4 224.2	—	—	—	2 013.2	6 654.2
环境保护支出总计	—	—	—	—	—	—	—	—	11 150.9

注：1）按活动主体分的中间消耗和工资等运行费的数据根据核算得到；2）资源税和排污费数据仅列出合计数据；3）外部环境保护的投资性支出数据为环境统计年报中的城市环境基础设施建设投资，内部环境保护的投资性支出数据为环境统计年报中的工业污染源治理投资和建设项目“三同时”环保投资之和。

12.2　环保治理投资

（1）为改善我国环境质量，提升环境保护管理水平，环境污染治理的资金投入逐年递增，而且增幅也不断提高，环保财源保障能力不断增强。据不完全统计，1973—1981 年，国家财政共安排污染治理资金 5.04 亿元，约占同期 GDP 的 0.51%，与环保投资需求有较大差距。

（2）改革开放以来，环保投资绝对量逐年增加。“七五”期间全国环保投资 476.4 亿元，“八五”期间达到 1 306.6 亿元，是“七五”期间的 2.7 倍；而“九五”期间的投资又是“八五”期间的 2.7 倍，达到 3 516.4 亿元。1999 年环保投资占同期 GDP 比例首次突破 1.0%，“十五”期间环境保护投资达到了 8 399.1 亿元，占同期 GDP 的比例为 1.31%。

（3）“十一五”环境保护投资超出规划预期，首次 GDP 占比超过 1.5%。根据“十一五”环境保护规划，全国“十一五”期间环保投资预期 15 300 亿元（约占同期 GDP 的 1.4%）。2006—2010 年，环保共投资 21 622.42 亿元，超过了预期投资。其中，2010 年环境污染治理投资总额达 6 654.2 亿元，占同期国内生产总值的 1.67%（图 12-1）。

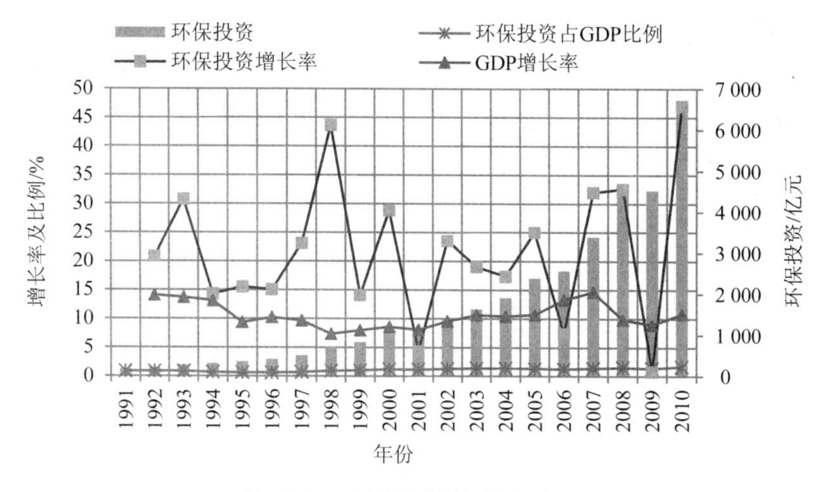

图 12-1　中国环境保护投资状况

（4）随着环保投入的增长，环境污染治理能力和环保设施的治理运行费用也不断提高。根据核算结果，2010 年环境污染实际治理成本共计 3 917.5 亿元，其中废水治理 1 298.1 亿元、废气治理 2 204.8 亿元、固体废物 414.7 亿元，废水治理投入明显低于废气治理投入。畜禽养殖、农村生活、工业固体废物的实际治理成本分别为 229.5 亿元、5.4 亿元和 285.9 亿元。

（5）“十一五”期间，实际统计数据的污染治理运行费用增速较快。2010 年，工业废水、废气、危险废物和城市污水 4 项有实际统计数据的污染治理运行费用合计达到 1 897.7 亿元，是 2005 年的 3 倍，是 1991 年 34.3 亿元的近 55 倍。其中：工业废水所占比例从 2001 年的 58.9%降低到 2010 年的 28.7%，城镇生活污水所占比例相应从 7.1%提高到 13.6%，城镇生活污水处理能力明显提高；工业废气所占比例上升较快，特别是近年随着工业 SO_2 治理能力的提高，从 2005 年的 40.2%上升到 2010 年的 55.6%（图 12-2）。

（6）环境保护投资占 GDP 的比重仍然较低。世界银行的研究显示，只有一个国家的环境治理投资占 GDP 的比重达到 1.5%～2%，环境污染才有可能得到治理，而当其环境治理投资比重达到 2%～3%，其环境质量才能得到改善。发达国家在进行环境污染治理时，其环境污染治理投资占 GDP 的比重基本在 1.5%～2%。例如，1995 年，德国的环境污染治理投资占 GDP 的比重就达到 2%，日本自 1990 年，环境治理投资占 GDP 的比重就在 1.5%～2%。2010 年，我国环境保护投资占 GDP 的比重首次超过了 1.5%，但仍需加大。

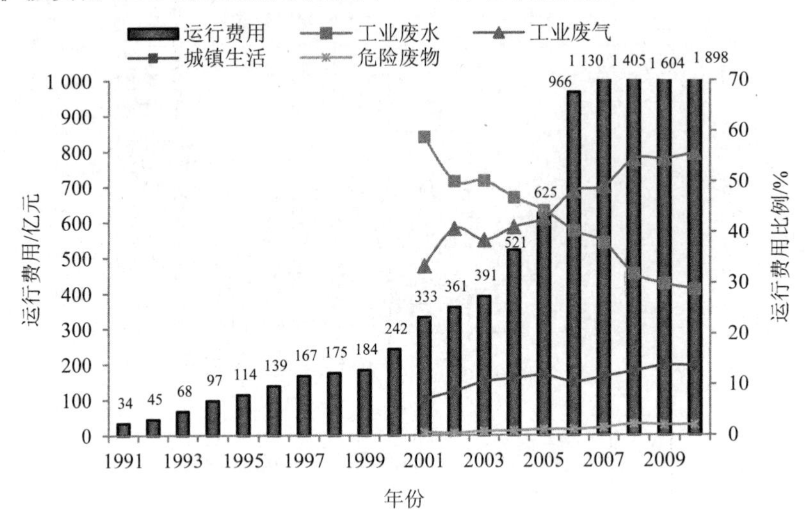

图 12-2　我国工业废水、废气治理设施和城市污水处理设施运行费用

第 13 章
环境治理成本核算账户

我国环境污染实际治理成本从 2005 年的 1 453 亿元上升到 2010 年的 3 917.5 亿元，增加了 1.7 倍，从一定程度上说明我国环境污染治理成效显著。2010 年，我国虚拟治理成本为 5 589.3 亿元，相对 2005 年增加了 45%，增速小于实际治理成本。2010 年，我国行业合计 GDP（生产法）为 42.1 万亿元，比 2009 年增加 15.6%。虚拟治理成本为 5 589.3 亿元，虚拟治理成本占全国 GDP 的比例约为 1.4%，比 2009 年下降 0.1 个百分点。

13.1　治理成本核算

我国环境污染实际治理成本从 2005 年的 1 453 亿元上升到 2010 年的 3 917.5 亿元，增加了 1.7 倍，从一定程度上说明我国环境污染治理成效显著。2010 年，我国虚拟治理成本为 5 589.3 亿元，相对 2005 年增加了 45%，增速小于实际治理成本。但虚拟治理成本绝对量仍然大于实际治理成本，说明污染治理缺口仍较大。

13.1.1　水污染治理缺口较大

（1）2010 年我国废水虚拟治理成本为 3 490 亿元，是实际治理成本的 2.8 倍。废气虚拟治理成本为 1 952.9 亿元，是实际治理成本的 0.86 倍。固废的虚拟治理成本为 146.3 亿元，是实际治理成本的 0.4 倍。

（2）大气污染实际治理成本已超过虚拟治理成本。近年来大气污染是我国治理的重点，大气污染的实际治理成本从 2005 年的 835 亿元上升到 2010 年的 2 204.8 亿元，增加了 1.6 倍，我国大气污染治理取得显著成效。

（3）我国水污染治理缺口相对较大。2010 年，废水的实际治理成本为 1 298 亿元，相对虚拟治理成本还有 73%的治理缺口，废水治理投入严重不足（图 13-1）。

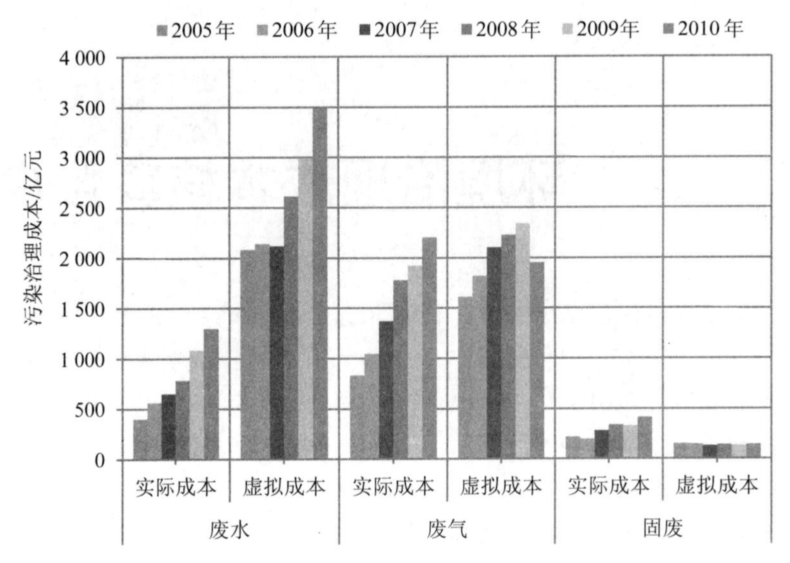

图 13-1　2005—2010 年废水、废气和固废污染治理成本

13.1.2　行业治理成本分析

（1）第一产业的污染物治理缺口大。2010 年，第一产业、第二产业以及第三产业和生活的合计污染治理成本分别为 1 542.3 亿元、4 597.4 亿元、1 624.5 亿元，第二产业最高。其中，第一产业、第二产业、第三产业与生活的虚拟治理成本分别为 1 307.5 亿元、2 539.7 亿元、1 720 亿元，分别是其实际治理成本的 5.6 倍、1.2 倍、1.1 倍（图 13-2）。

（2）我国环境污染治理重点主要集聚在电力生产、造纸、农副加工、黑色冶金化工等 10 个行业。2010 年，这 10 个行业的污染治理成本占总治理成本的比重 77%（图 13-3）。

（3）电力生产是污染治理成本最高的行业。2010 年，电力生产的实际治理成本为 676.4 亿元，比 2009 年增加 14.6%，虚拟治理成本为 599.7 亿元，稍低于 2009 年。电力行业实际治理成本和虚拟治理成本都远高于其他行业。电力行业的脱硫能力近年大幅提高，但由于氮氧化物的治理水平仍然较低，其虚拟治理成本仍然处于高位。

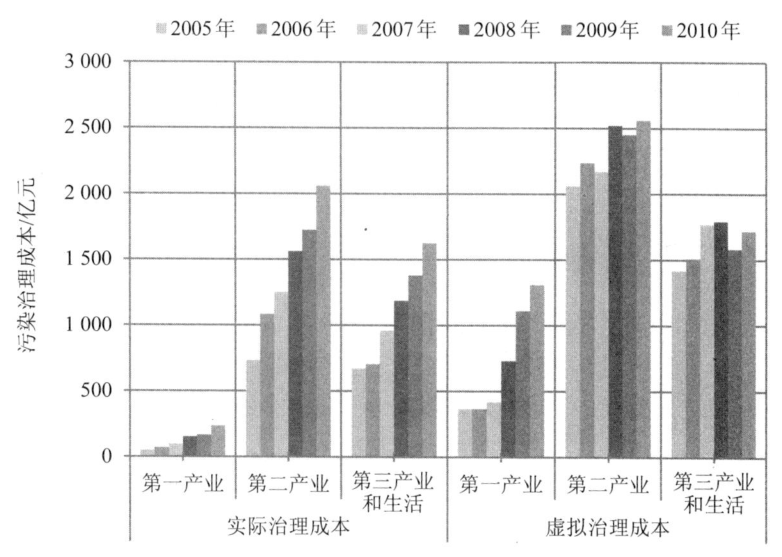

图 13-2 2005—2010 年不同产业的污染治理成本

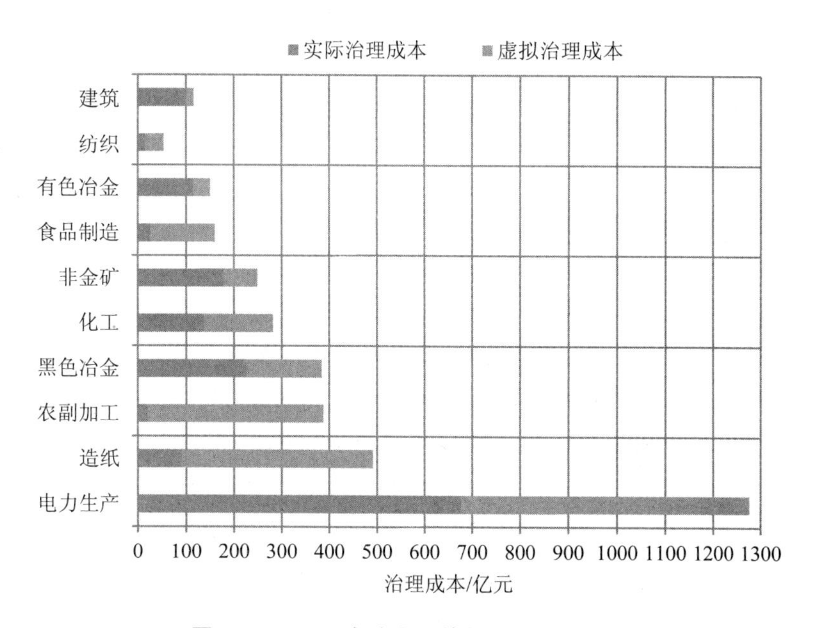

图 13-3 2010 年主要污染行业的治理成本

专栏 13.1 环境污染治理成本核算

污染治理成本法核算的环境价值包括两部分：①环境污染实际治理成本；②环境污染虚拟治理成本，GDP 污染扣减指数指虚拟治理成本占 GDP 的比例。污染**实际治理成本**是指目前已经发生的治理成本，包括畜禽养殖、工业和集中式污染治理设施实际运行发生的成本。其中，工业废水、废气和城镇生活污水的实际污染治理成本采用统计数据，畜禽废水、工业固废、城市生活垃圾和生活废气的实际治理成本利用模型计算获得。**虚拟治理成本**是指目前排放到环境中的污染物按照现行的治理技术和水平全部治理所需要的支出。治理成本法核算虚拟治理成本的思路是：假设所有污染物都得到治理，则当年的环境退化不会发生。从数值上来看，虚拟治理成本可以认为是环境退化价值的一种下限核算。治理成本按部门和地区进行核算。

（4）水污染的主要排放行业中，除石化和黑色冶金的实际治理成本大于虚拟治理成本外，其他行业实际治理成本都远小于虚拟治理成本，尤其作为我国废水排放大户的造纸业，其实际治理成本仅是虚拟治理成本的 17%（图 13-4）。

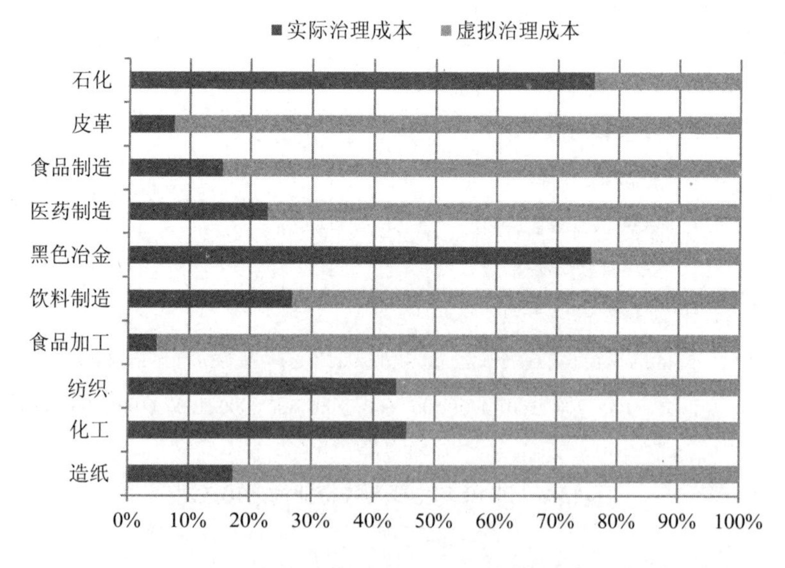

图 13-4 2010 年主要水污染行业实际治理成本和虚拟治理成本比重

（5）造纸、食品加工、食品制造和皮革是污染治理欠账最多的行业。这 4 个行业的虚拟治理成本分别为 385.4 亿元、360.5 亿元、129.8 亿元和 83.4 亿元，分别是实际治理成本的 4.8 倍、20.3 倍、5.5 倍、12.4 倍。

13.1.3　区域治理成本分析

（1）东部地区污染治理成本高。2010 年，东部地区的实际治理成本和虚拟治理成本分别为 2 009.1 亿元和 2 133.2 亿元，中部地区为 842.8 亿元和 1 719.1 亿元，西部地区为 1 065.6 亿元和 1 737 亿元。东部地区实际污染治理成本占总污染治理成本的比重为 43.6%，实际污染治理成本最高（图 13-5）。

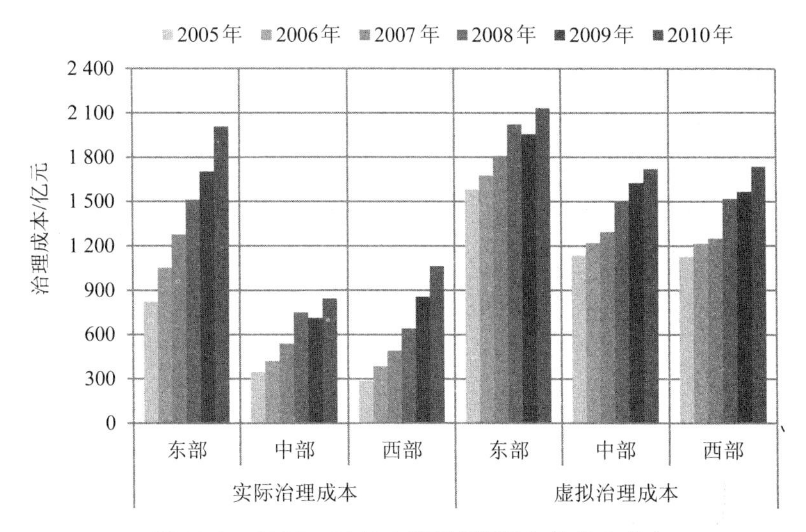

图 13-5　2005—2010 年不同区域的污染治理成本

（2）中部地区的污染治理缺口大。中部地区虚拟治理成本是实际治理成本的两倍。

（3）西部地区实际治理成本增速较快。西部地区的实际治理成本从 2005 年的 286.1 亿元上升到 2010 年的 1 065.6 亿元，增加了 2.7 倍。西部地区实际治理成本占全部实际治理成本的比重也由 2005 年的 19.6%上升到 2010 年的 28.6%。

（4）山东、河北、江苏、广东、四川位列总污染治理成本的前 5 位。2010 年这 5 个省份的污染治理成本合计 3 083.6 亿元，占总污染治理成本的 32%，其中，实际治理成本占总实际治理成本的 34.3%。贵州、甘肃、天津、宁夏、青海、海南是我国污染治理成本最低的 5 个省份，其合计污染治理成本为 390.9 亿元，占总污染治理成本的 4%。青海、广西、西藏、湖南、河南等省份是我国污染治理成本缺口最大的省份，其虚拟治理成本是实际治理成本的 5.6 倍、5.3 倍、4.8 倍、3.7 倍、2.3 倍，这些省份的污染治理投入需进一步加大（图 13-6）。

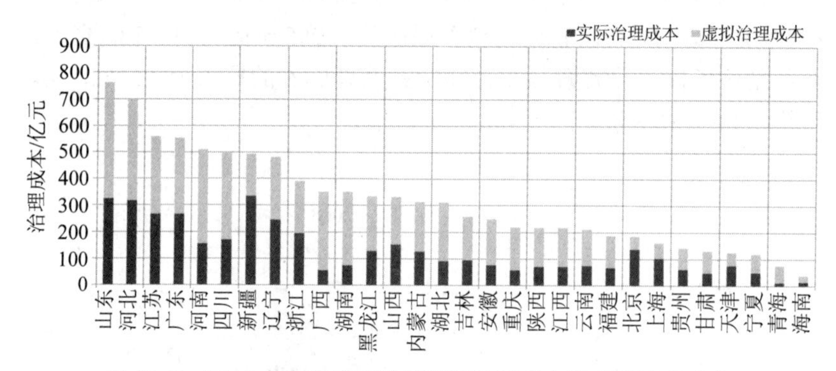

图 13-6 2010 年各省市自治区实际治理成本和虚拟治理成本

13.2 GDP 污染扣减指数

2010 年 GDP 污染扣减指数为 1.4%。2010 年，我国行业合计 GDP（生产法）为 42.1 万亿元，比 2009 年增加 15.6%。虚拟治理成本为 5 589.3 亿元，虚拟治理成本占全国 GDP 的比例约为 1.4%，比 2009 年下降 0.1 个百分点。2006—2010 年的污染扣减指数呈逐年下降趋势，说明我国"十一五"污染治理投入不断加大，污染减排政策取得一定成效。

13.2.1 产业和行业污染扣减指数对比

第一产业污染扣减指数大。2010 年，第一产业虚拟治理成本为 1 307.5 亿元，扣减指数为 3.23%；第二产业虚拟治理成本为 2 561.8 亿元，扣减指数为 1.37%；第三产业虚拟治理成本为 1 720 亿元，扣减指数为 0.99%。第二产业和第三产业的污染扣减指数都有下降趋势。其中：第二产业的污染扣减指数从 2005 年的 2.4%下降到 2010 年的 1.35%；第三产业的污染扣减指数从 2005 年的 1.9%下降到 2010

年的 0.8%；第一产业污染扣减指数自 2008 年出现较大增幅，主要是由于农业废水污染物核算方法发生改变（图 13-7）。

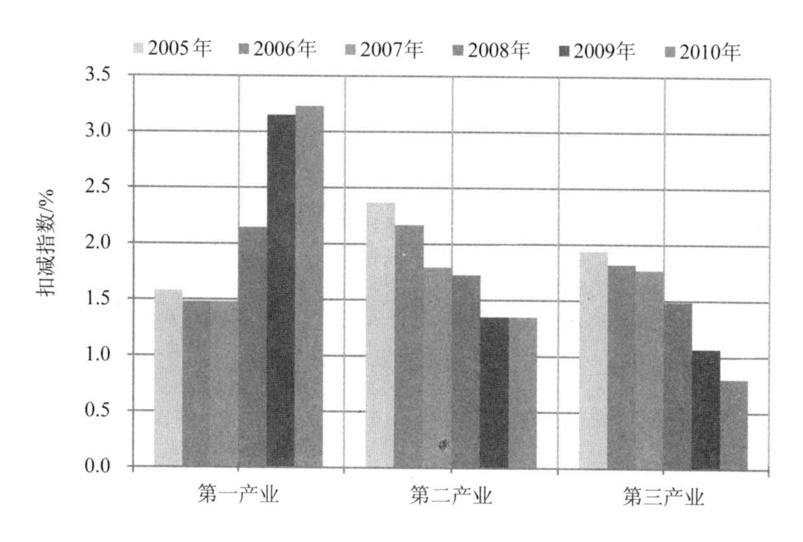

图 13-7　不同产业的 GDP 污染扣减指数

13.2.2　区域污染扣减指数对比

（1）东部、中部和西部地区的污染扣减指数都有下降趋势。东部地区污染扣减指数从 2005 年的 1.3%下降到 2010 年的 0.85%，中部地区从 2005 年的 2.5%下降到 2010 年的 1.63%，西部地区从 3.4%下降到 2.1%，说明近年来西部地区污染治理支出有较快增长。

（2）西部地区的污染扣减指数高于中部地区和东部地区。2010 年，西部地区的污染扣减指数为 2.1%，中部地区 1.63%，东部地区为 0.85%，说明西部地区的污染治理投入需求相对其经济总量较中东部地区更大，需要给予西部地区更多的环境财政政策优惠（图 13-8）。

（3）具体分析各省市自治区的污染扣减指数发现，污染扣减指数小的省份是上海（0.34%）、北京（0.35%）、天津（0.53%）、广东（0.63%）、江苏（0.71%）、浙江（0.71%）。与 2009 年相比，这些省份的污染扣减指数都呈不同程度的下降。虽然这些东部省份的虚拟治理成本绝对量相对较高，但因其经济发展水平高，使得其污染扣减指数相对较低。西藏（5%）、青海（4.8%）、宁夏（4.1%）、新疆（2.9%）、广西（2.5%）、重庆（2%）等省份的污染扣减指数相对较高（图 13-9）。

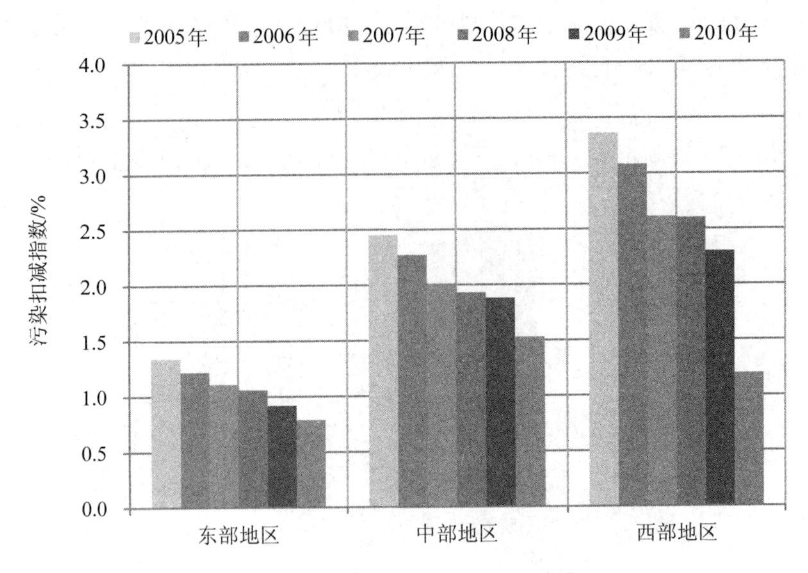

图 13-8　不同地区的污染扣减指数

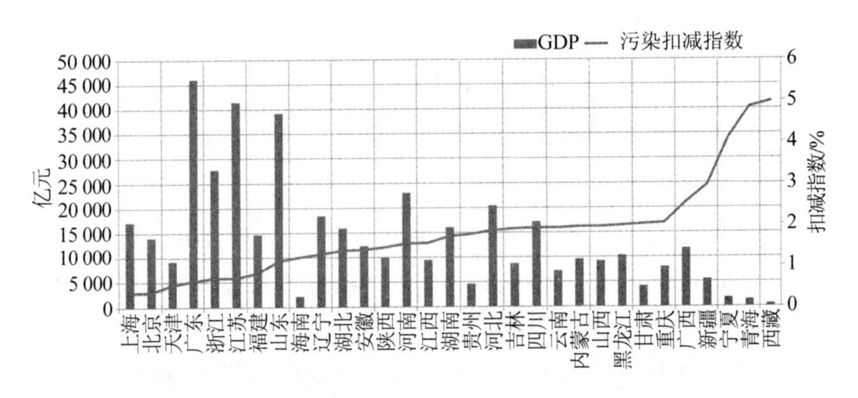

图 13-9　各省（市、区）GDP 与污染扣减指数

（4）造纸业、化学纤维制造、电力生产业和农副食品加工业是污染扣减指数最高的 4 个行业。2010 年，这 4 个行业的污染扣减指数分别为 17.4%、6.2%、5.3%和 4.9%。与 2009 年相比，化学纤维制造和农副食品加工业的污染扣减指数都有所增加，造纸业和电力生产业在污染减排政策的作用下，其污染扣减指数呈下降趋势。但这些产业的经济与环境效益比仍然较低，需重点治理（图 13-10）。

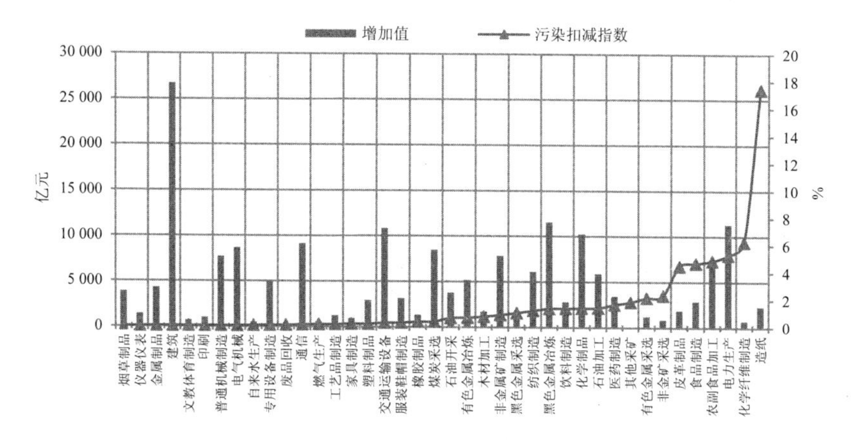

图 13-10 工业行业增加值及其污染扣减指数

（5）污染扣减指数增幅最低的行业是烟草制品业。烟草制造业扣减指数为 0.032%；其次为仪器仪表行业、金属制品、建筑业和文教体育制造，扣减指数分别为 0.043%、0.051%、0.054%和 0.058%。

第 14 章 环境退化成本核算

环境退化成本又被称为污染损失成本，它是指在目前的治理水平下，生产和消费过程中所排放的污染物对环境功能、人体健康、作物产量等造成的实际损害，这些损害需采用一定的定价技术，如人力资本法、直接市场价值法、替代费用法等环境价值评价方法来进行评估，计算得出相应的环境退化价值。与治理成本法相比，基于损害的污染损失估价方法更具合理性，是对污染损失成本更加科学和客观的评价。环境退化成本仅按地区核算。

在本核算体系框架下，环境退化成本按污染介质来分，包括大气污染、水污染和固体废物污染造成的经济损失；按污染危害终端来分，包括人体健康经济损失、工农业（种植业、林牧渔业）生产经济损失、水资源经济损失、材料经济损失、土地丧失生产力引起的经济损失和对生活造成影响的经济损失。

14.1 水环境退化成本

“十一五”期间，我国水环境退化成本逐年增加，年均增速为6.4%。其中，2006 年为 3 387.0 亿元，2007 年为 3 595.1 亿元，2008 年为 4 105.0 亿元，2009 年为 4 310.9 亿元，2010 年为 4 620.4 亿元（图 14-1），占总环境退化成本的 41.9%。因水环境退化成本的增速小于 GDP 增速，所以 GDP 水环境退化指数呈下降趋势。2006 年为 1.47%，2008 年为 1.25%，2010 年为 1.1%。

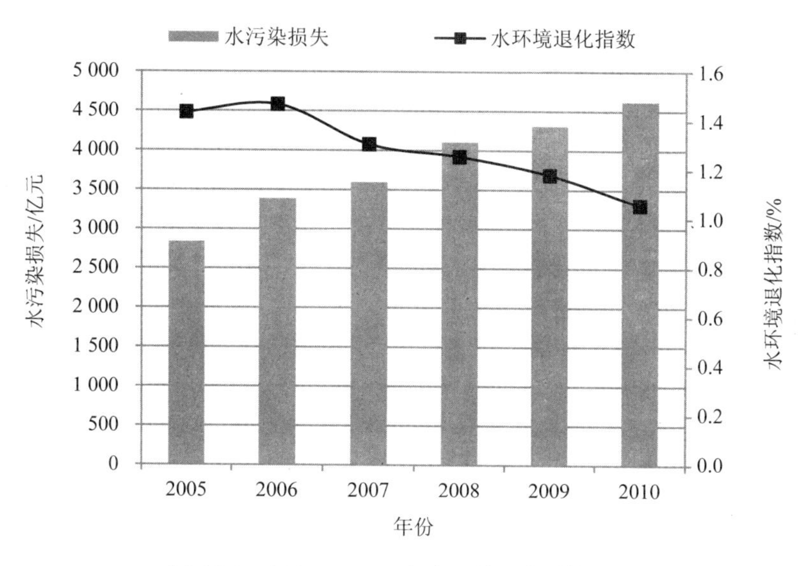

图 14-1　2005—2010 年水污染损失核算结果

在水环境退化成本中，污染型缺水造成的损失最大。根据核算结果，2010 年全国污染型缺水量达到 508.3 亿 m^3，占 2010 年总供水量的 8.5%，污染已经成为我国缺水的主要原因之一，对我国的水环境安全构成严重威胁，成为制约经济发展的一大要素。“十一五”期间，污染型缺水造成的损失呈小幅上升趋势。2006 年为 1 923 亿元，占水环境退化成本的 56.8%；2007 年为 2 000.9 亿元，占比为 55.6%；2008 年为 2 374 亿元，占比为 57.8%；2009 年为 2 513.4 亿元，占比为 58.3%，2010 年为 2 541.5 亿元，为 55%。另外，水污染对农业生产造成的损失，2010 年为 832.3 亿元，比 2005 年增加 77.7%。水污染造成的城市生活用水额外治理和防护成本为 512.2 亿元，工业用水额外治理成本为 438.8 亿元，农村居民健康损失为 295.7 亿元，分别比 2005 年增加 41%、23.5%、49.4%。

2010 年，东部、中部、西部 3 个地区的水环境退化成本分别为 2 332.0 亿元、1 331.8 亿元和 956.5 亿元，分别比上年增加 15.7%、25.6%、–22.6%，其中：西部地区由于污染型缺水量的下降，导致其损失比上年减少了 33%，2010 年西部地区水环境退化成本有所降低。东部地区的水环境退化成本最高，约占废水总环境退化成本的 50.5%，占东部地区 GDP 的 0.93%；中部和西部地区的水环境退化成本分别占废水总环境退化成本的 28.8%和 20.7%，占地区 GDP 的

1.26%和 1.17%，东部、中部、西部 3 个地区水环境退化成本占地区 GDP 的比例比上年略有下降。

14.2 大气环境退化成本

“十一五”期间，我国大气环境退化成本呈快速增长趋势。2005 年大气污染环境退化成本为 2 869 亿元，2006 年为 3 051 亿元，2007 年为 3 680.6 亿元，2008 年为 4 725.6 亿元，2009 年为 5 197.6 亿元，2010 年为 6 183.5 亿元，占总环境退化成本的 56%。“十一五”期间，GDP 大气环境退化指数在 1.5%～1.7%波动（图 14-2）。

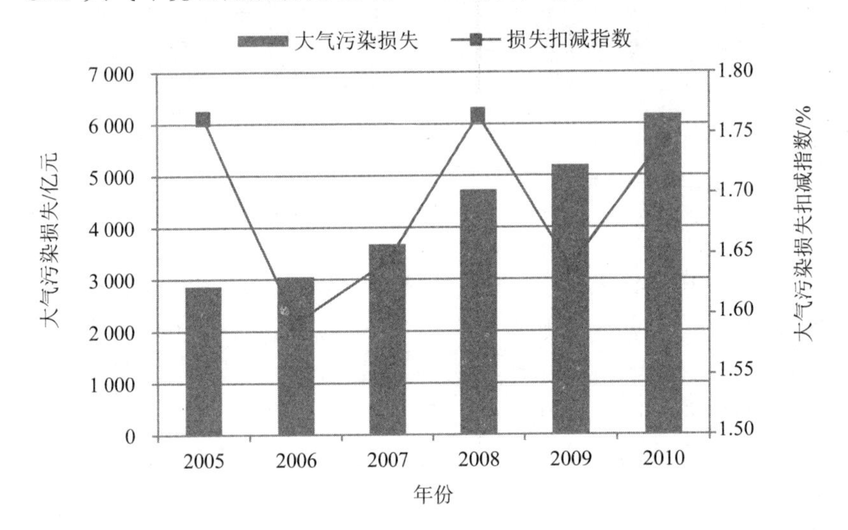

图 14-2 大气污染损失及大气污染损失扣减指数

大气污染对健康的危害是最值得关注的，据世界卫生组织（WHO）估计，全球每年有近 300 万人死于大气污染相关疾病，约占全球年死亡总数的 5%。2010 年，我国大气污染造成的城市居民健康损失为 4 702.9 亿元，占总大气环境退化成本的 76%，比 2006 年增加 1.5 倍。为改善空气质量，保护人民健康，环境保护部已对我国空气质量标准进行了修订，2012 年发布了新《环境空气质量标准》（GB 3095—2012），与人体健康关系较大的污染物 PM_{10}，二级标准的年均浓度由 0.1 mg/m^3 提高到 0.07 mg/m^3。根据本报告作者的计算，当二级标准从 0.1 mg/m^3 提高到 0.07 mg/m^3 时，长期暴露的死亡率会降低大约 6.5%。未来，在相对严格的大气污染质量标准下，我国大气污染对人体健康的危害可能有所减缓。

“十一五”期间，在 SO_2 减排政策的作用下，大气环境污染造成的农业损失有所降低。2010 年农业减产损失为 363.8 亿元，比 2005 年减少 43%。2010 年，材料损失为 172.4 亿元，比 2005 年增加 26.4%。随着车辆和建筑物的快速增加，额外清洁费用增速较快，从 2005 年的 322.2 亿元增加到 2010 年的 944.3 亿元，年均增长 24%。

2010 年，东部、中部、西部 3 个地区的大气环境退化成本分别为 3 434.4 亿元、1 560.6 亿元、1 188.4 亿元，分别比 2009 年增加 17.7%、22.9%、17.5%。大气环境退化成本最高的仍然是东部地区，占大气总环境退化成本的 55.5%，占东部地区 GDP 的 1.37%；中部和西部地区的大气环境退化成本分别占大气总环境退化成本的 25.2%和 19.3%，这两个地区的大气环境退化成本分别占地区 GDP 的 1.48%和 1.46%。从省份而言，江苏（618.6 亿元）、广东（584.8 亿元）、山东（498.2 亿元）、浙江（363.4 亿元）、河南（360 亿元）等省份的大气污染损失比较严重，占全国大气污染损失的 39.2%。甘肃（71.3 亿元）、宁夏（26.9 亿元）、青海（26.8 亿元）、海南（12.8 亿元）、西藏（3.7 亿元）等省份大气污染损失相对较少，占全国大气污染损失比例的 2.3%。

14.3 固体废物侵占土地退化成本

2010 年，全国工业固体废物侵占土地约 8 366.9 万 m^2，2009 年为 7 414.8 万 m^2，增加 12.8%，丧失土地的机会成本约为 108.2 亿元，比上年增加 24%。生活垃圾侵占土地约 2 752.9 万 m^2，比上年增加 9.7%。丧失的土地机会成本约为 59.7 亿元，比上年增加 21%。两项合计，2010 年全国固体废物侵占土地造成的环境退化成本为 168 亿元，占总环境退化成本的 1.5%。2010 年，东部、中部、西部 3 个地区的固体废物环境退化成本分别为 71.8 亿元、46.1 亿元、50.1 亿元，分别较上年增加 43.6%、19.6%、2.8%。

14.4 环境退化成本

“十一五”期间，我国环境退化成本呈逐年增长趋势，以年均 13.7%的速度在增加。其中 2005 年为 5 787.9 亿元、2006 年 6 507.7 亿元、2007 年 7 397.9 亿元、2008 年 8 947.6 亿元、2009 年 9 701.1 亿元、2010 年 11 032.8 亿元。在总环境退化成本中，大气污染退化成本和水环境退化成本是其主要的组成部分，2010 年这两项损失分别占总退化成本的 56.0%和 41.9%，固体废物侵占土地退化成本和污染事故造成的损失分别为 168 亿元和 61 亿元，分别占总退化成本的 1.52%和 0.6%。从环境退化总损失占 GDP 比重的扣减指数来看，“十一五”期间，环境退化成本的扣减指数呈下降趋势（图 14-3）。

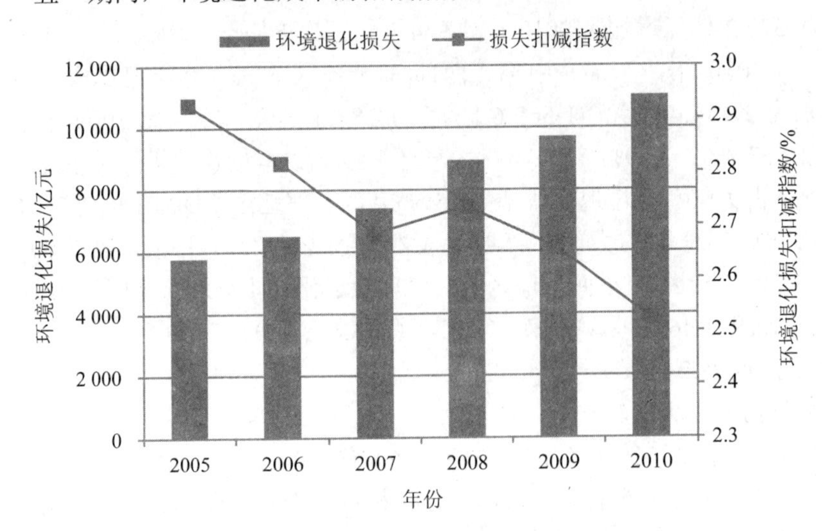

图 14-3　2005—2010 年环境退化成本及其扣减指数

从空间角度来看，我国区域环境退化成本呈现自东向西递减的空间格局。2010 年，我国东部地区的环境退化成本较大，为 5 838.3 亿元，占全部环境退化成本的 52.9%，中部地区为 2 938.6 亿元，西部地区为 2 195.1 亿元。具体从省份角度来看，河北（1 103.6 亿元）、江苏（971.8 亿元）、河南（818.5 亿元）、广东（776.6 亿元）、山东（771.1 亿元）、浙江（600.8 亿元）等省份的环境退化成本严重，占环境退化成本比重的 45.7%。除河南外，这些省份都位于我国东部沿海地区。甘肃（122.7 亿元）、宁夏（114.5 亿元）、青海（46.2 亿元）、西藏（34.9 亿元）、海南（24 亿元）等省份的环境退化成本较少，占环境退化成本比重的 3.1%。这些省份除环境质量本底值好的海南省外，其他都位于西部地区。

但从区域环境退化成本的增速来看，西部地区增速最快。西部地区 2010 年比 2005 年环境退化成本增加 99.7%，中部地区环境退化成本增加 90.2%，东部地区环境退化成本增加 88.9%。从省份来看，贵州（232.4%）、宁夏（177.2%）、吉林（139.2%）、陕西（138%）、天津(126.5%)、湖北(123.9%)等的环境退化成本的增速都超过了 100%，安徽（41%）、黑龙江（27.9%）、甘肃（21.3%）、青海（14.6%）等的增速均低于 50%。

对比分析环境退化成本和虚拟治理成本这两种不同方法的核算结果发现，环境退化成本远大于虚拟治理成本，且环境退化成本的增速快于虚拟治理成本。2010 年，基于污染排放计算的环境虚拟治理成本为 5 237.6 亿元，基于环境质量数据计算的环境退化成本为 11 032.8 亿元，环境退化成本是虚拟治理成本的 2.1 倍。“十一五”期间，在污染减排总量控制政策的作用下，虚拟治理成本的增速有所减缓，2010 年我国虚拟治理成本相对 2005 年增加了 36%。环境退化成本的增速相对较快，2010 年我国环境退化成本相对 2005 年增加了 89.6%。具体从区域的角度看，“十一五”期间，东部、中部、西部三大区域的环境退化成本的增速分别为 88.9%、90.2%、99.7%，虚拟治理成本的增速分别为 24.6%、42.0%、46.9%。可以看出，虽然环境退化成本和虚拟治理成本增速的空间格局是一致的，但虚拟治理成本增速的区域差距小，环境退化成本增速区域差距大。说明“十一五”期间的污染减排政策对污染物排放数量得到了一定的控制，实现了减排目标，但对环境质量改善的效果不佳，环境质量低下导致的环境损害成本还在高速增加。如何实现我国环境质量的改善应是下一步工作努力的方向。

第 15 章 生态破坏损失核算账户

生态系统可以按不同的方法和标准进行分类，本书按生态系统的环境性质将整个生态系统划分为 5 类，即森林生态系统、草地生态系统、湿地生态系统、耕地生态系统和海洋生态系统。由于不掌握耕地和海洋生态系统的基础数据，本书仅核算了森林、草地、湿地和矿产开发引起的地下水流失与地质灾害等 4 类生态系统的服务功能损失。

15.1　生态破坏损失核算框架

生态系统一般具有三大类功能，即生活与生产物质的提供（如食物、木材、燃料、工业原料、药品等）、生命支持系统的维持（如生物多样性、气候调节、水土保持等）以及精神生活的享受（如登山、野游、渔猎、漂流等）。本书所指生态服务功能仅包括第一类和第二类中的重要功能，并根据森林、草地和湿地的主要生态功能分别选择了对其最重要和典型的服务功能进行核算（表 15-1）。

表 15-1　生态破坏损失核算框架

	生产有机物质	调节大气	涵养水源	水分调节	水土保持	营养物质循环	净化污染	野生生物栖息地	干扰调节
森林	√	√				√	√	√	
湿地	√	√	√	√	√	√	√	√	√
草地	√	√	√		√	√			
耕地	×	×	×		×	×			
海洋	×	×		×		×	×	×	×

注：√表示已核算项目；×表示未核算项目。

森林是陆地上功能最稳定的生态系统，它不仅为人类提供林木产品，还发挥着重要的生态服务功能：涵养水源、保持土壤、防风固沙、调节气候、美化环境和净化空气等。本书结合遥感数据、气象数据和地面观察数据三方面的数据，考虑森林生态系统的人为破坏率，对森林系统破坏造成的气候调节能力下降、涵养水源损失、土壤营养物质损失、生物多样性降低损失、净化空气能力降低等损失进行核算，具体核算的框架体系（图 15-1）。

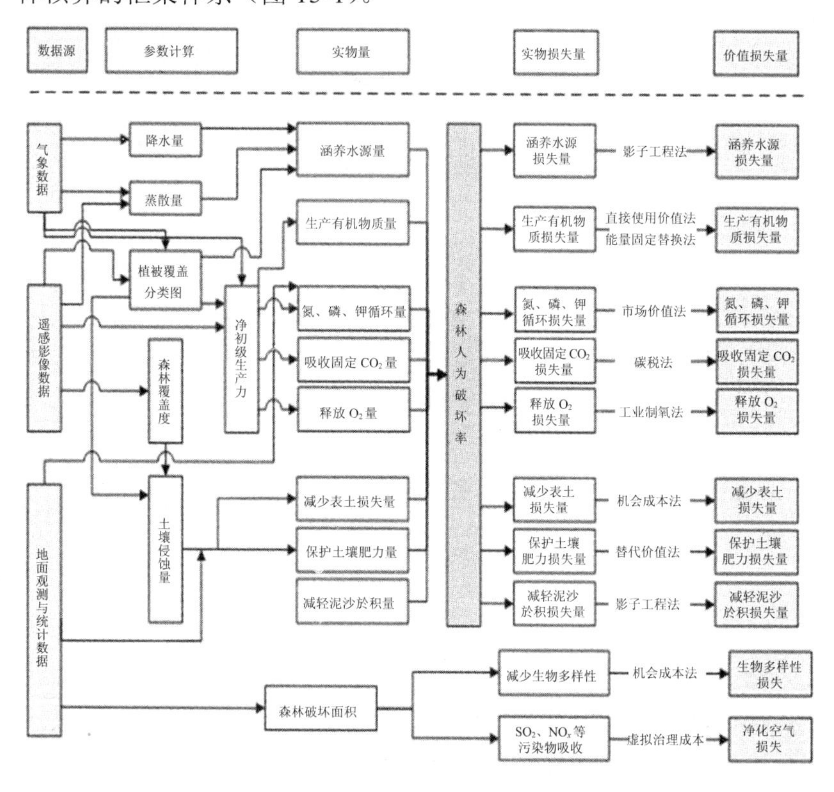

图 15-1　森林生态系统损失核算的框架体系

草原是我国重要的战略资源，是面积最大的绿色生态保障，也是畜牧业发展的重要物质基础和牧区农牧民赖以生存的基本生产资料。草地具有水土保持、固碳释氧、涵养水源、生产有机质和防风固沙等重要生态功能，正确认识草地生态系统价值，客观评价草地生态系统破坏造成的经济损失具有重要价值。本书结合遥感数据、气象数据和地面观察数据三方面的数据，考虑草地资源的人为破坏率，对涵养水源、生产有机物质、营养物质循环、吸碳释氧、水土保持等功能损失进行核算，具体核算的框架体系（图 15-2）。

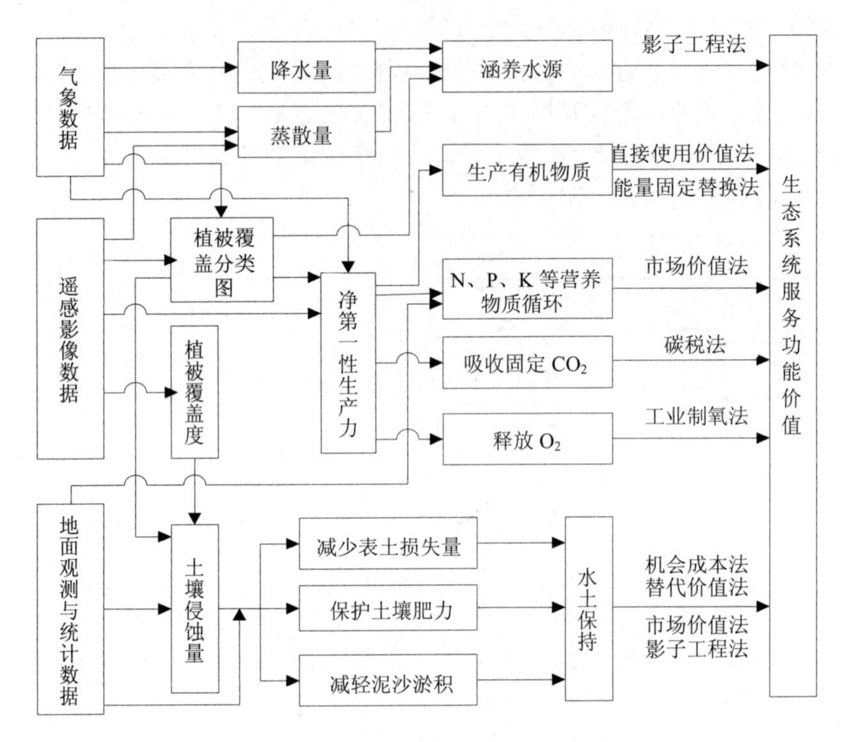

图 15-2　草地生态系统损失核算的框架体系

湿地生态系统是介于水、陆生态系统之间的一类生态单元。系统的物质循环、能量流动和物种迁移与演变活跃，具有较高的生态多样性、物种多样性和生物生产力，在保护生态环境、保持生物多样性以及发展经济社会中，具有不可替代的重要作用。本书结合全国湿地监测数据、遥感数据、气象数据和地面观测与统计数据，以湿地监测数据中的开垦率为人为破坏系数，对湿地生态系统的自然资源价值（生产有机物质的价值）、大气调节价值、涵养水源价值、水分调节价值、水土保持价值、野生生物栖息地价值、净化污染价值、营养物质循环价值和干扰调节价值 9 个方面的价值损失进行了核算（图 15-3）。

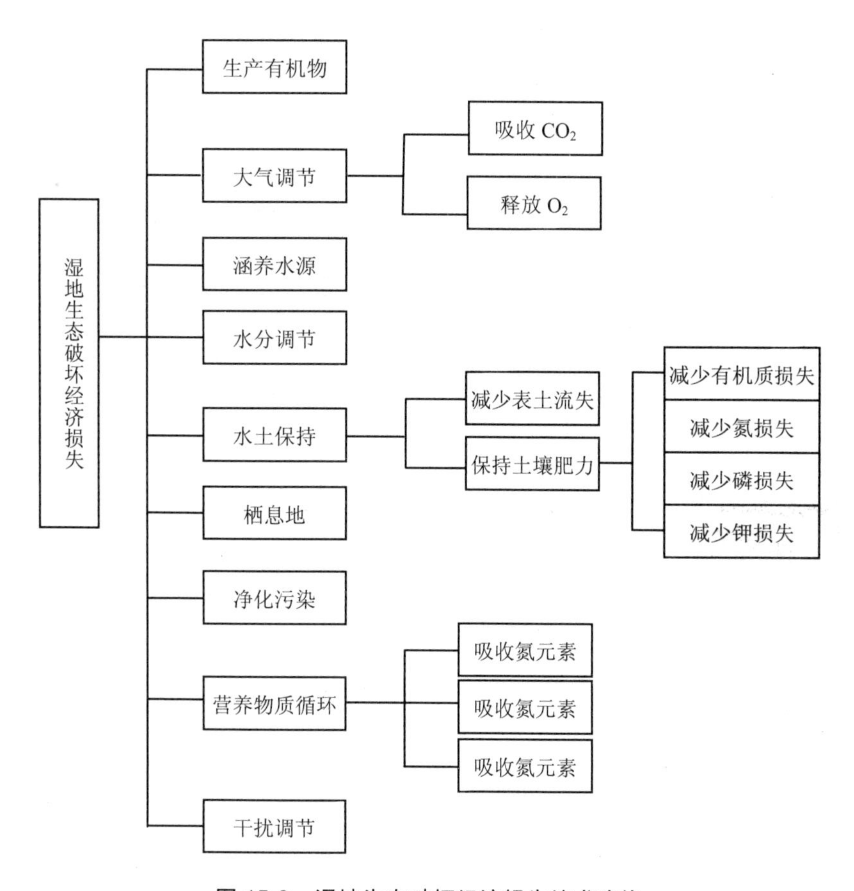

图 15-3 湿地生态破坏经济损失技术路线

矿产资源是国民经济、社会发展和人民生活的重要物质基础，但矿产资源的不合理开发利用，会严重破坏矿山及其周围生态环境，并诱发多种地质灾害，对人民群众的生活环境质量、生命财产安全构成严重威胁。报告以填表调查为主，结合遥感辅助调查，在对 3 个矿区典型调查、25 个矿区重点调查的基础上，对全国主要矿区资源开发导致的地下水环境破坏、矿山地质灾害等方面进行核算（图 15-4）。

由于在一定的时间周期内，生态系统实物量数据变化较小，因此，生态破坏实物量以最近可用的调查数据为基准进行核算，并默认实物破坏量在一定的核算期内（2006—2010 年）保持不变；各年生态破坏损失计算所用技术参数根据各年实际进行调整。

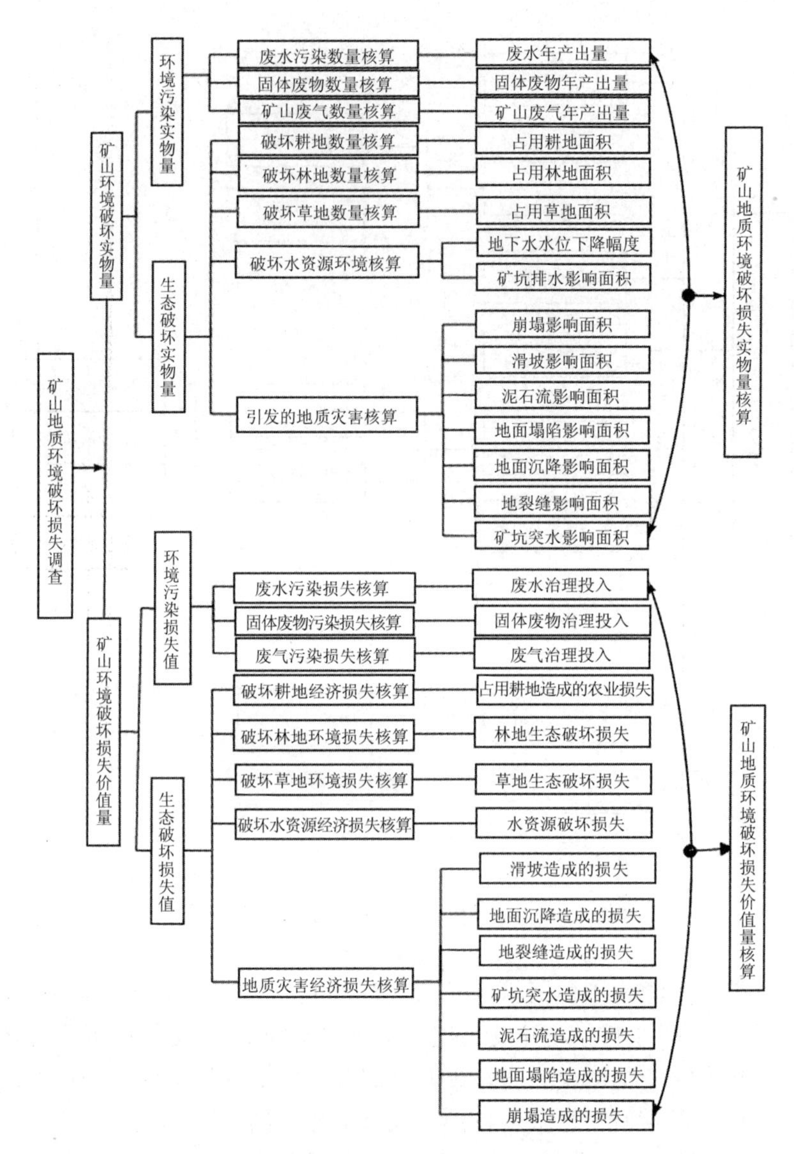

图 15-4　矿产开发经济损失技术路线

15.2　森林生态破坏损失

我国森林覆盖率只有全球平均水平的 2/3，排在世界第 139 位；人均森林面积 0.145 hm^2，不足世界人均占有量的 1/4；人均森林蓄积 10.15 m^3，只有世界人均占有量的 1/7；全国乔木林生态功能指数 0.54，生态功能好的仅占 11.31%；乔木林每公顷蓄积量 85.88 m^3，只有世界平均水平的 78%。长期来看，由于我国仍然处于经济发展和城镇人口快速增长期，社会经济发展对木材需求不断增长，木材供需矛盾加剧，森林生态系统安全面临巨大压力。

根据全国第 7 次森林资源清查结果，我国目前森林面积为 19 545.22 万 hm^2，森林覆盖率 20.36%，比第 6 次清查结果 18.21%提高了 2.15%。总体来看，森林面积继续扩大，林木蓄积生长量持续大于消耗量，森林质量有所提高，森林生态功能不断增强。但本次清查也发现，我国森林资源长期存在的数量增长与质量下降并存、森林生态系统趋于简单化、生态功能衰退、森林生态系统调节能力下降的问题仍然广泛存在，生态脆弱状况没有根本扭转。

在人类活动的干扰下，森林资源的非正常耗减所造成的生态服务功能下降，包括森林资源非正常耗减带来的森林生态系统服务功能退化损失以及为防止森林生态退化的支出两部分。由于缺乏数据，本报告仅对前者的损失进行了核算。这里所指的森林资源包括常绿针叶林、常绿阔叶林、落叶针叶林、落叶阔叶林等多种类型（这里主要指乔木树种构成，郁闭度 0.2 以上的林地或冠幅宽度 10 m 以上的林带，不包括灌木林地和疏林地）。

根据全国第 7 次森林资源清查结果，林地转为非林地的面积 831.73 万 hm^2。2010 年我国森林生态破坏损失达到 1 253.5 亿元，占 2010 年全国 GDP 的 0.31%，其中针叶林生态破坏损失达到 586.8 亿元，阔叶林生态破坏损失达到 666.8 亿元。从损失的各项功能来看，生产有机质、固碳释氧、涵养水源、保持水土、营养物质循环、生物多样性保护、净化空气等森林资源的各项生态功能破坏损失分别为 54.7 亿元、89.7 亿元、35.5 亿元、75.7 亿元、26.1 亿元、708.9 亿元、262.8 亿元（图 15-5）。其中，生物多样性保护功能丧失所造成的破坏损失最大，占森林总损失的 56.6%，超过其他各项生态功能损失之和。

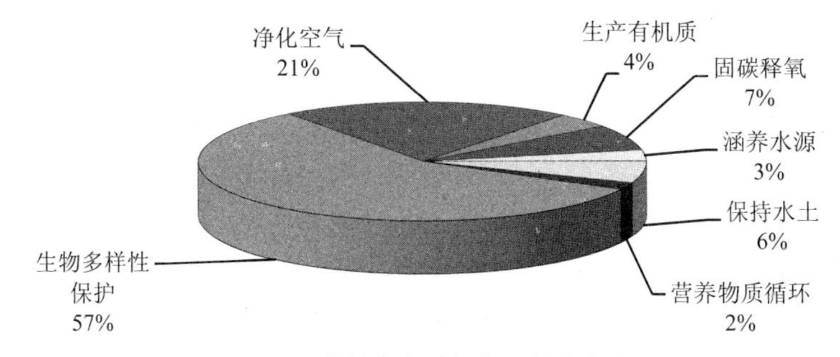

图 15-5　森林生态破坏各项损失占比

我国森林的空间分布差异很大，主要分布在东南地区、西南地区、内蒙古东部地区和东北三省，仅黑龙江、吉林、内蒙古、四川、云南五省（区）的森林面积和蓄积量就占全国的43.4%和 49.7%。而森林非正常耗减量位居前5位的省（区）为湖北省、黑龙江省、河南省、广西壮族自治区、云南省，分别占全国非正常耗减量的9.8%、9.5%、8.76%、8.72%和8.43%，造成的生态破坏损失分别达到123.4亿元、119.4亿元、110.3亿元、109.8亿元、106.1亿元（图15-6）。

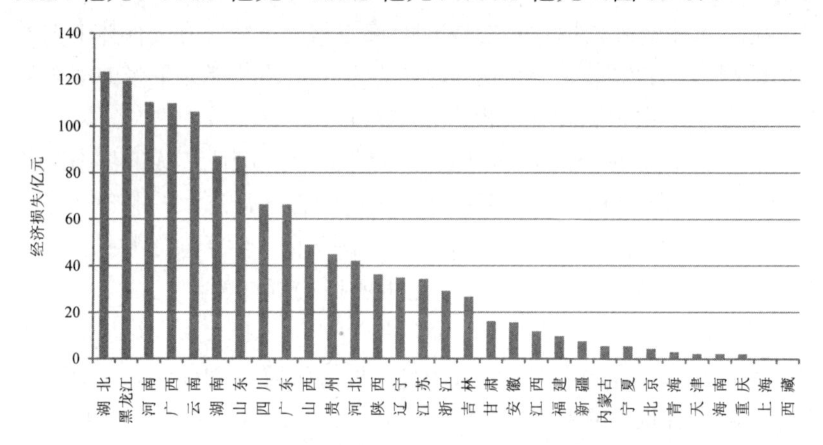

图 15-6　31个省（市、区）的森林生态破坏经济损失

15.3　湿地生态破坏损失

湿地与人类的生存、繁衍、发展息息相关，是自然界最富生物多样性的生态系统和人类最重要的生存环境之一，它不仅为人类的生产、生活提供多种资源，而且具有巨大的环境功能和效益，在抵御洪水、调节径流、蓄洪防旱、降解污染、调节气候、控制土壤侵蚀、美化环境等方面具有其他系统不可替代的作用，被称为地球之肾、物种贮存库、气候调节器。本报告核算的湿地指面积在100 hm^2 以上的湖泊、沼泽、库塘和滨海湿地，宽度≥10 m、面积≥100 hm^2 的全国主要水系的四级以上支流，以及其他具有特殊重要意义的湿地。

全国湿地资源调查（1995—2003年）结果表明，我国现有调查范围内的湿地总面积为3 848.55万 hm^2，其中自然湿地面积3 620.05万 hm^2，占国土面积的3.77%。在自然湿地面积中，滨海湿地所占比重为16.41%，河流湿地占22.67%，湖泊湿地占23.07%，沼泽湿地占37.85%。调查表明，湿地开垦、改变自然湿地用途和城市开发占用自然湿地是造成我国自然湿地面积削减、功能下降的主要原因。

本书所指湿地生态破坏是指在人类活动的干扰下，由于人为因素造成的湿地生态系统的生态服务功能退化，以湿地围垦率指标体现湿地生态系统的人为破坏率。根据核算结果，目前全国湿地围垦面积达到 65.8 万 hm^2，由此造成的湿地生态破坏损失达到 1 275.2 亿元，占 2010 年全国 GDP 的 0.32%。湿地的生产有机物质、调节大气、涵养水源、水分调节、水土保持、营养物质循环、净化污染、野生生物栖息地、干扰调节生态系统服务功能损失分别为 11.6 亿元、16.6 亿元、584.9 亿元、1.1 亿元、15 亿元、6 亿元、296.9 亿元、21.6 亿元、322.7 亿元。在湿地生态破坏造成的各项损失中，涵养水源的损失贡献率最大，占总经济损失的 45.8%（图 15-7）。

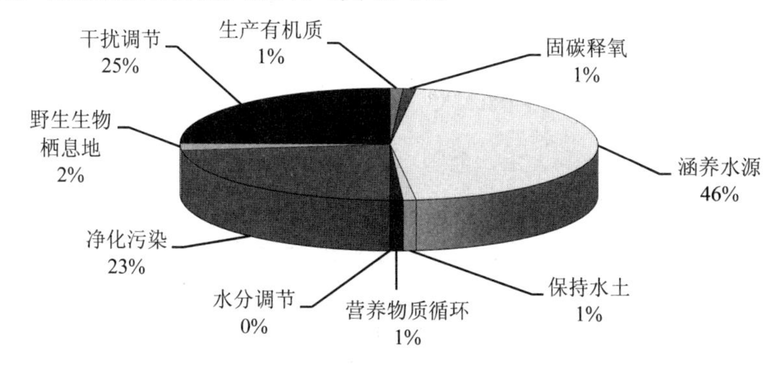

图 15-7　湿地生态破坏各项损失占比

我国湿地分布较为广泛，同时，受自然条件的影响，湿地类型的地理分布表现出明显的区域差异。我国湿地主要分布在西藏、黑龙江、内蒙古和青海 4 个省份，这 4 个省的湿地面积占全国湿地面积的 46.6%。在全国 31 个省份中，浙江省的湿地人为破坏率最高，达到 4.4%，其次是重庆市（3.9%）和甘肃省（3.2%）。虽然湿地主要分布地区的人为破坏率处于中游水平，但由于基数大，黑龙江、西藏、内蒙古、青海和甘肃的人为湿地破坏面积位居全国前 5 位，这 5 个省份的湿地生态破坏经济损失也位居前 5 位，经济损失分别达到 207.8 亿元、181.9 亿元、162.5 亿元、76.1 亿元和 64.6 亿元，5 省合计约占全国湿地生态破坏经济损失的 54.3%（图 15-8）。

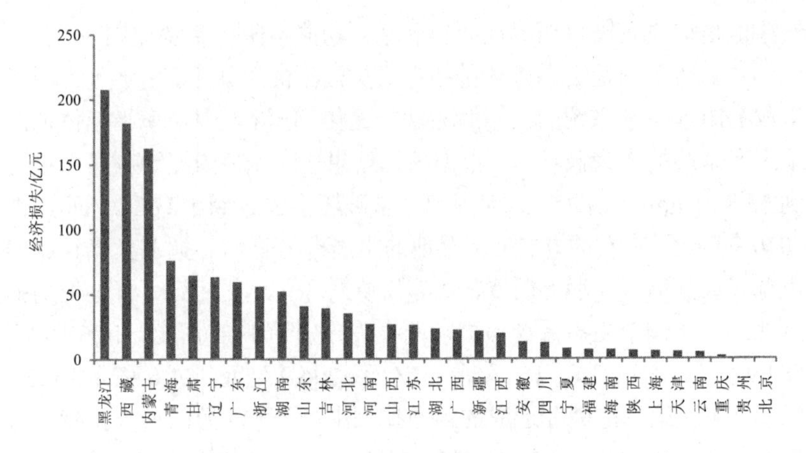

图 15-8　31 个省（市、区）的湿地生态破坏经济损失

15.4　草地生态破坏损失

我国是草地资源大国，全国草原面积近 4 亿 hm^2，约占陆地国土面积的 2/5，是我国面积最大的绿色生态屏障，也是干旱、高寒等自然环境严酷、生态环境脆弱区域的主体生态系统。我国天然草原主要集中分布在北方干旱半干旱区和青藏高原。内蒙古、广西、重庆、四川、贵州、云南、西藏、陕西、甘肃、青海、宁夏、新疆西部 12 省份的天然草原面积约 3.3 亿 hm^2，占全国草原面积的 84.4%；辽宁、吉林、黑龙江东北三省的天然草原面积约 0.17 亿 hm^2，占全国草原面积的 4.3%；其他省份的天然草原面积约 0.45 亿 hm^2，占全国草原面积的 11.3%。

2010 年全国草原监测报告显示，我国草原生态的总体形势发生了积极变化，全国草原生态环境加速恶化势头得到有效遏制，但全国草原生态仍呈“点上好转、面上退化，局部改善、总体恶化”态势，草原生态环境治理任务十分艰巨。广大草原超载过牧依然严重，全国重点天然草原的牲畜超载率为 30%，全国 264 个牧区、半牧区县（旗）天然草原的牲畜超载率为 44%，其中，牧区牲畜超载率为 42%，半牧区牲畜超载率为 47%。鼠虫灾害发生面积居高不下，草原鼠害危害面积为 3 867.8 万 hm^2，约占全国草原总面积的 10%，沙化、盐渍化、石漠化依然严重，草原生态环境治理任务十分艰巨。

草地生态破坏是在人类活动的干扰下，由于人为因素造成的草地生态系统的生态服务功能退化。影响草地生态系统生态退化的人为因素主要是不合理的草地利用，包括过度放牧、开垦草原、违法征占草地、乱采滥挖草原野生植被资源等。核算结果显示，目前全国人为破坏的草地面积达到 1 730.65 万 hm^2，由此造成的草地生态破坏损失达到 1 652.3 亿元，占 2010 年全国 GDP 的 0.41%。草地的生产有机物质、调节大气、涵养水源、水土保持、营养物质循环等生态系统服务功能损失分别为 205.2 亿元、294.2 亿元、249.3 亿元、818.1 亿元、85.4 亿元。在草地生态破坏造成的各项损失中，水土保持的贡献率最大，占总经济损失的 50%（图 15-9）。

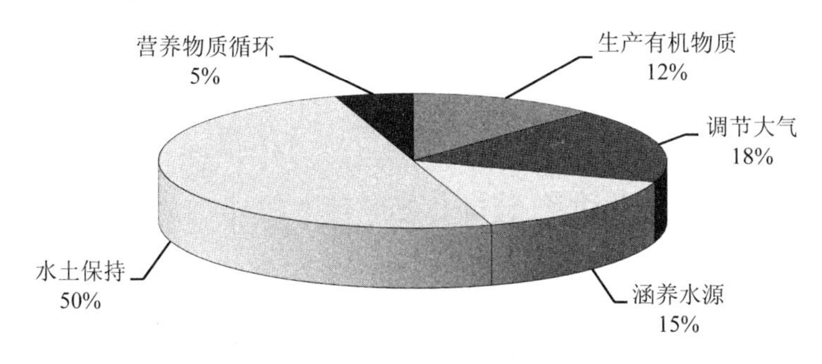

图 15-9 草地生态破坏各项损失占比

由于我国草地主要集中在西部地区，而且西部地区的牲畜超载率也普遍较高，根据《全国草原监测报告（2010）》，西藏、内蒙古、新疆、青海、四川、甘肃的牲畜超载率分别为 38%、18%、40%、37%、39%和 39%。因此，西部地区草地生态破坏损失远大于东中部地区，占 87%，东部占 1.8%，中部占 11.2%。在 31 个省份中，青海省以 396 亿元位居首位，占全国总损失的 24.0%，内蒙古（286 亿元）和西藏（258.5 亿元）分别占 17.3%和 15.6%，这 3 个省份和四川、新疆、黑龙江、甘肃等 7 个省份 2010 年度的草地生态系统破坏经济损失为 1 430 亿元，占全国的 86.5%，其他 13 个省仅占 13.4%，北京、天津、上海、江苏、浙江、安徽、福建、江西、湖南、广东和海南等 11 省份的超载率为 0，草地生态破坏经济损失为 0（图 15-10）。

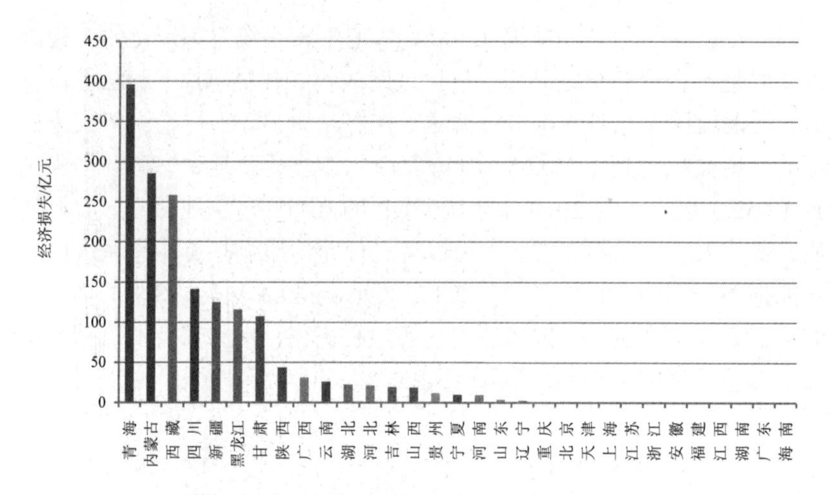

图 15-10　31 个省份的草地生态破坏经济损失

15.5　矿产开发生态破坏损失

我国是矿业大国，矿产开发总规模居世界第三位，矿产资源开发在为经济建设做出巨大贡献的同时，也对生态环境造成了长期、巨大的破坏。根据国土资源部开展的全国矿山地质环境调查结果，由于长时间、高强度的矿山开采，造成大量土地荒废，生态环境恶化，有的地方发生大范围的地面塌陷等地质灾害。由于固体废物堆放引起的土地占用损失已在环境退化成本中进行了核算，为避免重复，矿产开发生态破坏损失部分主要对地下水环境生态破坏与矿产开发过程中引起的采空塌（沉）陷、地裂缝、滑坡等地质灾害造成的经济损失进行核算。

目前矿产开发每年导致的地下水资源破坏量达到 14.2 亿 m^3，由此造成的经济损失达到 56.8 亿元；因采矿活动形成的地质灾害面积约 116.18 万 hm^2，由此造成的经济损失达到 179.6 亿元，两项合计 2010 年矿产开发造成的经济损失达到 236.4 亿元，占 2010 年全国 GDP 的 0.06%。

从区域角度来看，我国矿产资源主要集中分布在湖北、湖南、山西、陕西、内蒙古、青海、新疆、贵州和云南等中西部地区，因此，中西部省份矿产开发造成的生态破坏损失量较大，分别达到 181.1 亿元和 35.9 亿元，占总生态破坏损失量 76.6%和 15.2%。在 31 个省份中，山西省以 153.1 亿元位居首位，占全国总损失的 64.8%（图 15-11）。

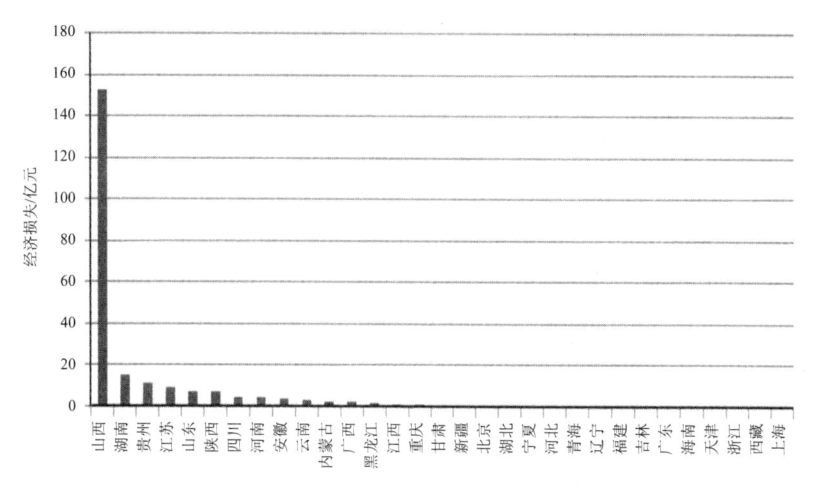

图 15-11 31 个省（市、区）矿产开发生态破坏经济损失

15.6 生态破坏总损失

近 3 年我国生态破坏损失呈小幅增长趋势（图 15-12）。2008 年全国的生态破坏损失为 3 961.8 亿元，2009 年为 4 206.5 亿元，2010 年为 4 417 亿元，占 GDP 的 1.1%。在生态总损失中，草地退化造成的生态损失相对较大，2010 年为 1 652.3 亿元。另外湿地占用导致的生态损失，2010 年为 1 275.2 亿元。因矿产资源开发导致的地下水污染和地质灾害损失相对较少，2010 年为 236.4 亿元。但从生态系统单位损害面积的生态成本来看，草地单位损害面积的生态成本为 5 902 元/hm^2，森林为 42 401 元/hm^2，湿地为 303 673 元/hm^2，湿地单位损害面积的生态成本最高，我国应该尽量减少对湿地资源是损害。

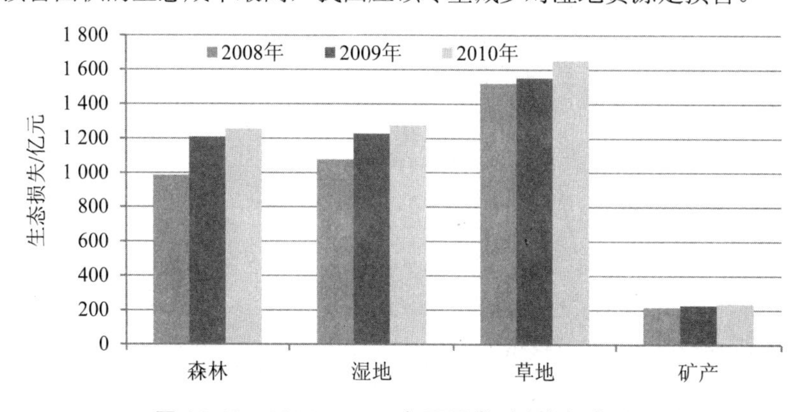

图 15-12 2008—2010 年不同类型生态损失对比

我国生态破坏损失的空间分布极不均衡，呈现从东部沿海地区向西部地区逐级递增的空间格局。2010 年，我国东部、中部、西部 3 个地区的生态破坏损失分别为 664.2 亿元、1 315.7 亿元、2 437.6 亿元，分别占生态总损失的 15%、29.8%、55.2%，西部地区的生态破坏损失超过了中东部地区的总和。具体从省份而言，青海（475.7 亿元）、内蒙古（456.6 亿元）、黑龙江（444.1 亿元）、西藏（440.3 亿元）、山西（247.2 亿元）、四川（224.1 亿元）等省份是我国生态破坏损失最严重的省份，这些省份的生态破坏损失占到总生态破坏损失的 51.8%。其中，青海、内蒙古、四川的生态破坏损失以草地损失为主，分别占总生态损失的 83.3%、62.6%、63.1%；山西生态破坏损失以矿产资源开发的生态损失为主，占比为 62%；黑龙江生态破坏损失以湿地损失为主，占比为 46.7%；西藏生态破坏损失由草地和湿地损失组成，占比分别为 58.7%和 41.3%。

第16章 环境经济核算综合分析与政策建议

根据污染排放账户、环境质量账户、环境保护支出账户的建立和结果判断，以及通过对环境支出成本、物质流动、环境退化成本、生态破坏损失进行核算，本研究开展了基于环境经济核算结果的综合分析，对我国经济发展的环境成本和相关关系，生态环境退化成本和空间分布，环境污染损失变化规律，生态环境投入产出效益以及环境治理的费用与效益进行综合评估并提出相应的政策建议。

16.1 环境经济核算综合分析

16.1.1 我国处于经济发展环境成本上升阶段，“十一五”期间环境退化成本增加89.6%

连续7年的核算表明我国经济发展造成的环境污染代价持续增加，7年间基于退化成本的环境污染代价从5 118.2亿元提高到11 032.8.1亿元，增长了115%，年均增长13.5%。基于治理成本法的虚拟治理成本从2 874.5亿元提高到5 589.3亿元，增长了94.5%，年均增长11.7%（图16-1），环境退化成本增速快于虚拟治理成本。在污染减排政策的作用下，基于污染物排放量计算的虚拟治理成本在2010年增幅有所下降，但基于环境质量数据计算的环境退化成本仍呈上升趋势。

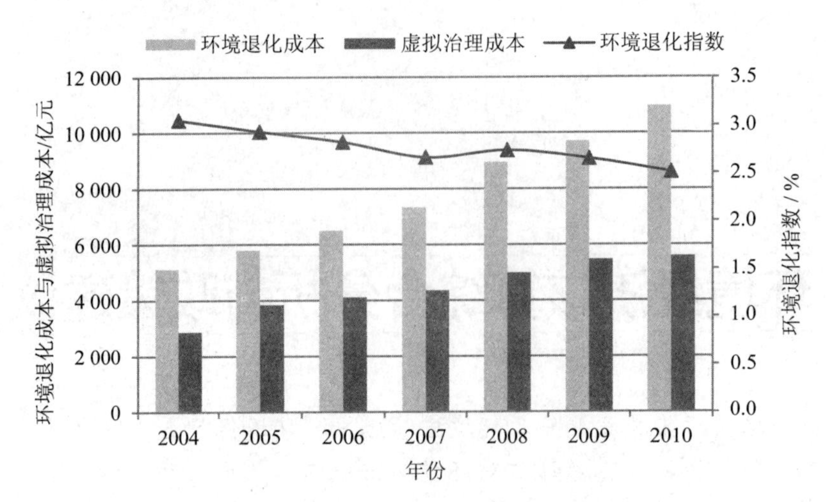

图 16-1　2004—2010 年中国环境退化成本及环境退化指数

2004—2010 年的核算结果说明，随着经济的快速发展，环境污染代价和所需要的污染治理投入在同步增长，环境问题已经成为我国可持续发展的主要制约因素。对比分析我国经济增速与环境污染损失增速可知（图 16-2），除 2007 年外，我国环境污染损失与 GDP 基本同步增速，2008 年，环境污染损失增速快于 GDP 增速，为 22%。鉴于我国在今后相当长的一段时期内仍处于工业化中后期阶段，环境质量改善是一项长期艰巨的任务，预计今后 10～15 年还处于经济总量与生态环境成本同步上升的阶段。

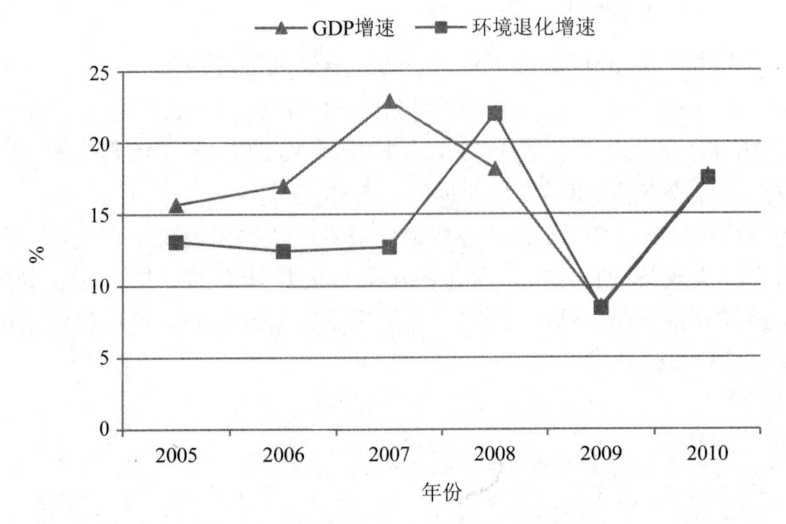

图 16-2　2005—2010 年 GDP 增速与环境退化成本增速对比（当年价）

16.1.2　我国生态环境退化成本占 GDP 比重有所下降，2010 年占比 3.5%

以环境退化成本与生态破坏损失合计作为我国生态环境退化成本，对比分析 2008—2010 年生态环境退化成本可知，我国生态环境退化成本呈上升趋势，但生态环境退化成本占 GDP 的比重有所下降。2008 年我国生态环境退化成本为 12 745.7 亿元，占当年 GDP 的比重为 3.9%；2009 年为 13 916.2 亿元，占当年 GDP 比重为 3.8%；2010 年为 15 389.5 亿元，占 GDP 比重下降到 3.5%（图 16-3）。

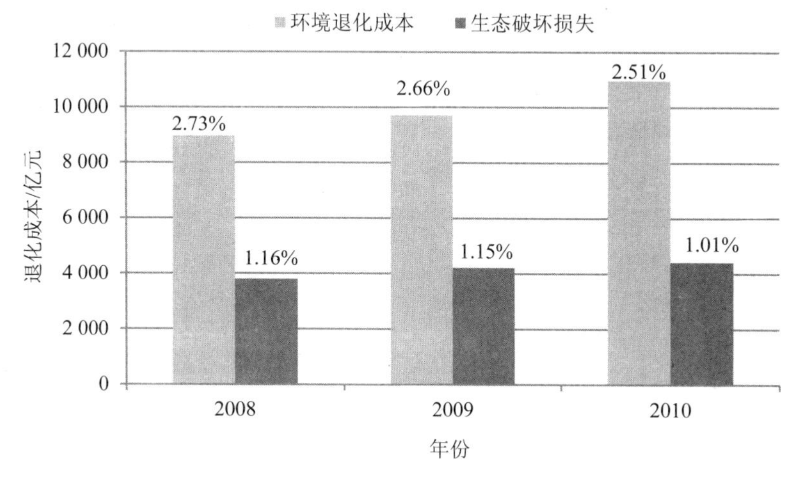

图 16-3　GDP 生态环境退化指数

由于缺乏基础数据，土壤和地下水污染造成的环境损害、耕地和海洋生态系统破坏造成的损失、环境污染事故造成的环境损害无法计量，各项损害的核算范围也不全面，资源消耗损失没有核算，核算的生态环境污染损失占 GDP 的比例在 3.9%～3.5%。另据世界银行通过能源消耗、矿产资源消耗、森林资源消耗、CO_2 排放以及颗粒物排放等不同口径的资源环境损失的核算结果显示，中国在 2004—2008 年，资源环境损失占 GDP 的比重由 7.1%逐步上升到 10%。根据世界银行核算结果，2008 年，美国、日本、英国、德国、法国等发达国家资源环境损失占 GDP 比重分别为 5%、5%、2.3%、0.5%、0.1%[①]，我国资源环境成本占 GDP 的比重都高于这些国家。中国现阶段经济发展对资源环境的消损依赖较

① http：//siteressources.worldbank.org/ENVIRONMENT/Resources.

深，存在着高投入、高消耗、低产出、低效率的问题。

16.1.3 生态环境退化成本空间分布不均，生态破坏损失主要分布在西部地区，环境退化成本主要分布在东部地区

2010 年，我国生态环境退化成本共计 15 389.5 亿元[①]，其中，东部地区生态环境退化成本最大，东部地区生态环境退化成本为 6 502.5 亿元，占全国生态环境退化成本的 42.3%，中部地区生态环境退化成本为 4 254.3 亿元，占比为 27.6%；西部地区生态环境退化成本为 4 632.7 亿元，占比为 30.1%。具体从省份来看，河北（1 202.6 亿元）、江苏（1 041.2 亿元）、河南（969 亿元）、山东（909.9 亿元）、广东（901.9 亿元）5 个省份的生态环境退化成本最高，占全国生态环境退化成本比重的 32.6%。海南（33.3 亿元）、宁夏（138.7 亿元）、重庆（197.7 亿元）、江西（204.7 亿元）、天津（226.1 亿元），占比 5%。

我国生态破坏损失和环境退化成本的空间分布很不均衡，生态破坏损失主要分布在西部地区，环境退化成本主要分别在东部地区。由图 16-4 可知，我国东部地区的环境退化成本占到全国环境退化成本的 53%，西部地区的生态破坏损失占全国生态破坏损失比重的 55%。进一步分析不同区域的生态环境退化指数可知，西部地区生态环境退化指数高于中东部地区（图 16-5）。西部地区生态环境退化指数为 5.7%，中部地区为 4%，东部地区为 2.6%，生态环境退化对西部地区的影响更为严重，具体从省份而言，2010 年，GDP 环境退化指数较高的省份为宁夏（6.8%）、河北（5.4%）、贵州（3.9%）、陕西（3.8%）、吉林（3.6%），比重较低的省份为江西（1.8%）、湖北（1.7%）、广东（1.7%）、福建（1.5%）、海南（1.2%）。考虑生态环境退化损失后，生态环境退化指数最高的为青海（38%）、宁夏（8.2%）、甘肃（7.6%）、黑龙江（7.1%）、山西（6.2%）。这些省份都属于中西部地区，且多为欠发达资源富集省份。生态环境退化指数最低的省份都位于东部地区，说明欠发达地区经济增长的资源环境代价高于发达地区。如果把生态环境退化成本从区域 GDP 中扣减掉，西部地区与东部地区的经济发展差距会进一步拉大。西部地区生态环境脆弱，经济发展的资源环境代价大，西部地区即将成为承接我国东部地区产业转移的重点区域，如何提高西部地区的可持续发展能力亟须思考。

---

①由于缺乏分省（区）的渔业污染事故损失数据，因此，东部、中部、西部合计的生态环境损失不等于全国合计的生态环境损失。

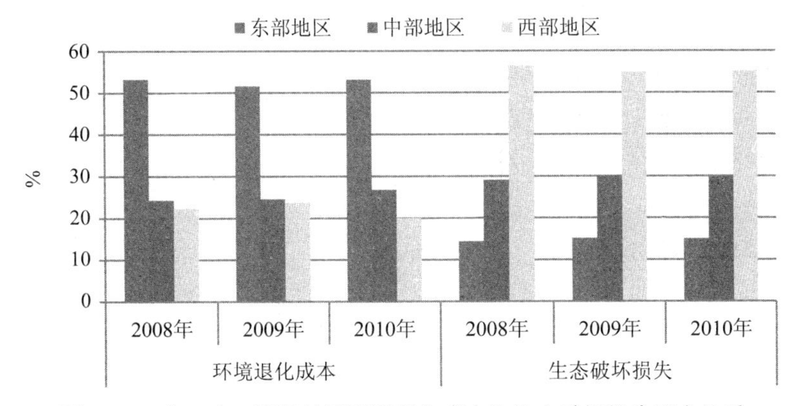

图 16-4　东、中、西部地区环境退化成本和生态破坏损失所占比重

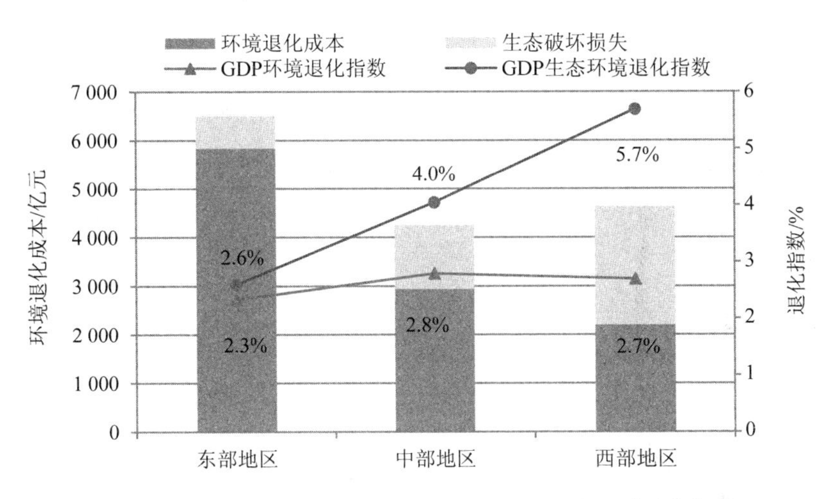

图 16-5　2010 年地区生态环境损失及 GDP 生态环境退化指数

专栏 16.1　相关概念

GDP 污染扣减指数（Pollution Reduction Index to GDP，PRI_{GDP}）是指虚拟治理成本占当年行业合计 GDP 的百分比，即 GDP 污染扣减指数 = 虚拟治理成本/当年行业合计 GDP×100%。由于虚拟治理成本基本根据市场价格核算的环境治理成本，因此可以作为“中间消耗成本”直接在 GDP 中扣减。

GDP 环境退化指数（Environmental Degradation Index to GDP，EDI_{GDP}）是指环境退化成本占当年地区合计 GDP 的百分比，即 GDP 环境退化指数=环境退化成本/当年地区合计 GDP×100%。

GDP 生态环境退化指数（Ecological and Environmental Degradation Index to GDP，$EEDI_{GDP}$）是指生态破坏损失和环境退化成本占当年地区合计 GDP 的百分比，即 GDP 生态环境退化指数=（生态破坏损失+环境退化成本）/当年地区合计 GDP×100%。

GDP 环境保护支出指数（Environmental Protection Expenditure Index to GDP，$EPEI_{GDP}$）是指环境保护支出占当年行业合计 GDP 的百分比，即 GDP 环保支出指数=环境保护支出/当年行业合计 GDP×100%。本报告采用狭义的环境保护支出指数，GDP 环境治理支出指数=环境治理支出/当年行业合计 GDP×100%。

生态环境损失（Ecological and Environmental Damage）是指生态破坏损失和环境退化成本之和。

16.1.4 我国环境污染损失变化规律符合环境库兹涅茨曲线

美国经济学家 Grossman 和 Krueger 于 1991 年在研究北美自由贸易协定的环境影响时，参考经济学中的库兹涅茨曲线，提出了环境库兹涅茨曲线假说，认为环境质量和人均收入呈一个倒“U”形变化，即在一国经济发展的初期阶段，污染水平随收入的增长不断上升。而当经济发展到较高水平，收入达到某一特定值后，进一步的收入增长将导致污染水平和环境质量的改善。环境库兹涅茨曲线成为研究经济增长环境效益的有效工具。

利用 2008—2010 年中国 31 个省份环境退化成本与人均 GDP 分析中国的环境污染与经济发展水平之间的关系。由图 16-6 可知，我国环境退化成本和人均 GDP 之间存在倒“U”曲线关系，通过显著性检验。目前我国大多数省份的人均 GDP 在 10 000～30 000 元，正好处于工业化的初期和中期阶段，重化工产业的比重较大，环境污染随收入增长而加剧，人均 GDP 超过 30 000 元的多是沿海省市，经历了产业结构升级，高端加工制造业和服务业的比重较大，因而环境退化成本相对于内陆省份较低。但是这不意味随着经济增长，环境退化成本会呈现自动下降和环境质量的自动改善。整体而言，我国还处于随经济增长，环境退化成本上升的阶段，仍没有达到资源生态环境损失下降的拐点，需要提高资源的使用效率，加强生态环境治理。

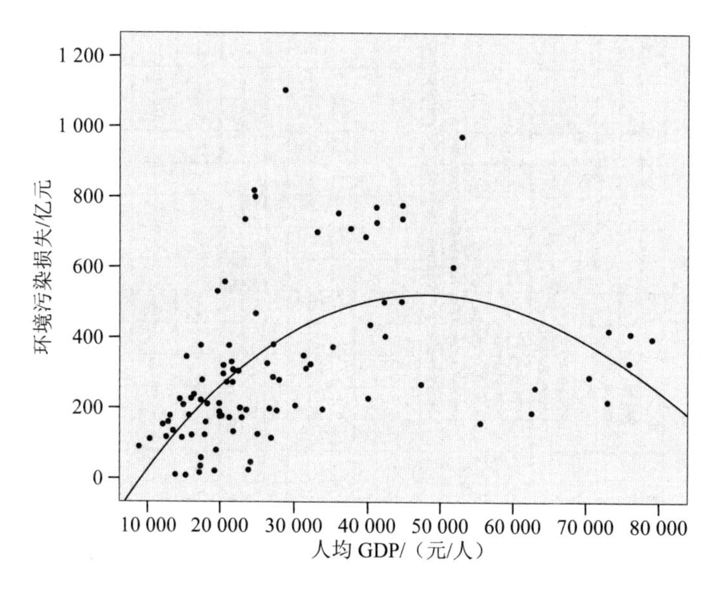

图 16-6 环境污染损失与人均 GDP 关系

16.1.5 全国平均环境治理效益费用比在 6.9～1

利用虚拟治理成本与环境退化成本的比进行效益费用分析得出，2010 年我国效益费用比为 1.7，其中，东部地区的效益费用比为 2.34，中部地区为 1.38，西部地区为 1.32。在东部地区中，除海南外，其他省份的污染损失成本都高于虚拟治理成本，其中，上海和北京的效益费用比较高，分别达到 6.9 和 5.8，天津、浙江、江苏、广东、河北的效益费用比分别为 3.8、2.6、2.6、2.1、2.1。中部地区除湖北的效益费用比小于 1 外，其他省份的效益费用比都高于 1，其效益费用比在 1.2～1.9。在西部 12 省份中，广西、云南的虚拟治理成本超过了污染损失成本（图 16-7）。

部分省份出现环境治理费用高于效益的现象的主要原因在于污染损失的计算范围不全。此外，如果采用国际通行的支付意愿法来计算，费用效益比将达到 4∶1。

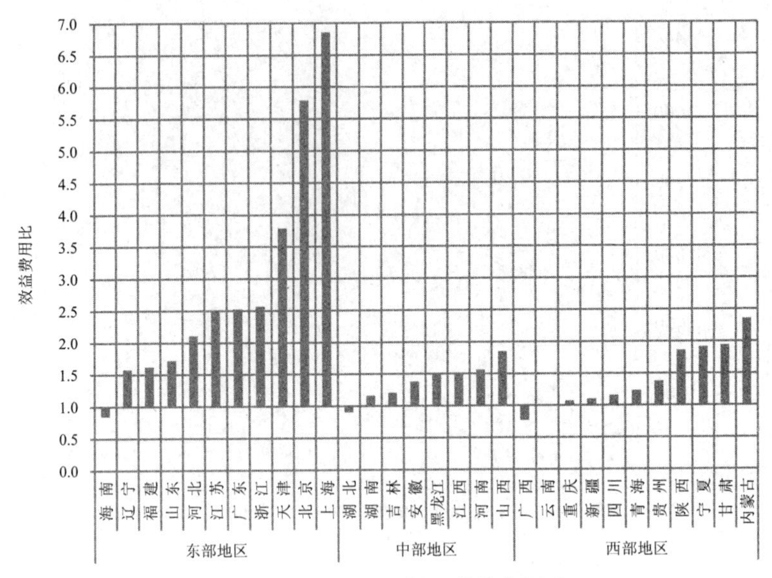

图 16-7　30 个省份的效益费用比

16.1.6　欠发达地区经济发展的生态环境投入产出效益相对较低

核算表明，生态环境退化成本占 GDP 的比例与人均 GDP 之间呈现一个负指数关系，显示出经济发展越是落后的地区，经济发展的生态环境退化成本越大（图 16-8）。生态环境退化成本与人均 GDP 之间的负相关，与处于不同经济发展阶段的各地区的产业结构差异有关。人均 GDP 低的欠发达地区农村人口和农业所占比重相对较大，对生态系统的压力也较大。由于农业生产方式比较粗放，土地利用和农业生产活动导致生态破坏持续扩大。如果把草地生态破坏损失作为畜牧业生产产生的负面效益，草地生态破坏损失占畜牧业增加值的比例可以反映农业生产的环境投入产出效益。草地生态破坏损失占畜牧业增加值的比例全国平均为 10%，其中，西藏和青海的草地生态破坏损失超过了畜牧业增加值。新疆（57.4%）、甘肃（86.8%）、黑龙江（34.5%）、内蒙古（66.8%）省份草地生态破坏损失占畜牧业增加值比重也较高。

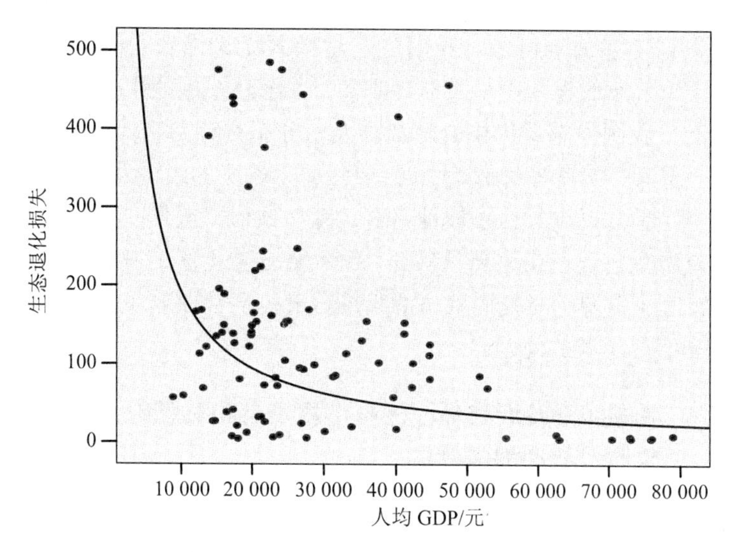

图 16-8 生态退化成本与经济增长

工业生产是导致环境污染损失的主要原因，用环境退化成本占第二产业增加值的比例反映第二产业的环境投入产出效应。环境退化成本占第二产业增加值的比例全国平均为 5.7%。比例较高的省份主要有宁夏（17.8%）、北京（11.9%）、贵州（11.7%）、河北（11.6%）、陕西（8.3%）、甘肃（7.7%）、青海（7.5%）。比例较低的省份有福建（3.5%）、广东（3.6%）、江西（4%）、山东（4.1%）、湖北（4.1%），这些省份主要分布在我国东部沿海地区，工业发展的资源环境代价相对较小（图 16-9）。

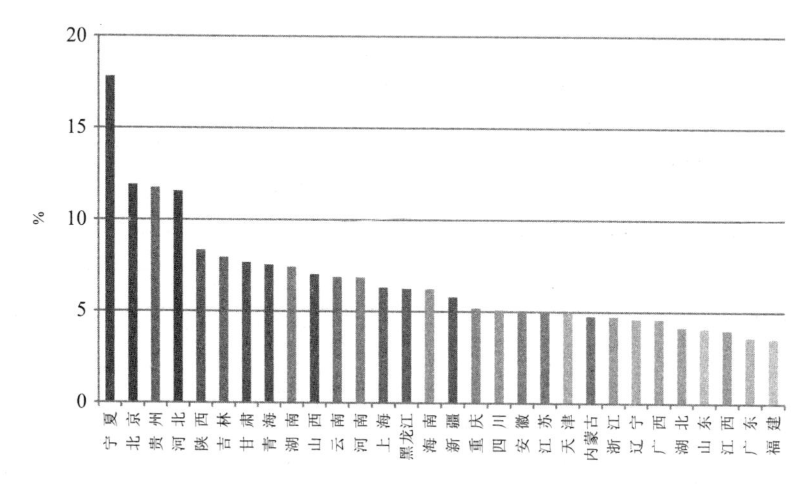

图 16-9 各省份环境退化成本与工业增加值比重

根据上述分析可知，我国欠发达地区无论是农业的投入产出效益，还是工业的投入产出效益，都表明其经济发展的生态环境代价相对较高。我国生态退化损失与贫困人口分布具有高度耦合性。西藏、甘肃、青海、宁夏等省份是“老、少、边、穷”的经济发展滞后地区，同时也是生态脆弱地区，坡地耕种、森林砍伐、超载过牧等掠夺式生产方式给生态环境带来严重破坏，制约着这些地区的脱贫和发展。因此，如何从资源环境使用效率的角度，来科学合理地促进我国经济发展是个值得思考的问题。

16.1.7 我国经济发展与环境污染排放具有相对脱钩关系，时间上脱钩呈波动加强趋势

“脱钩”（Decoupling）理论是经济合作与发展组织（OECD）提出的形容阻断经济增长与资源消耗或环境污染之间联系的基本理论[①]。OECD 把“脱钩”分为绝对脱钩和相对脱钩。其中，绝对脱钩是指在经济发展的同时，环境变量保持稳定或下降的现象。相对脱钩则定义为经济增长率和环境变量的变化率都在增加，但环境变量的变化率小于经济增长率。参考赵兴国[②]等的研究成果，报告将相对脱钩划分为Ⅰ、Ⅱ、Ⅲ和Ⅳ共 4 种类型，以 0.25 作为脱钩程度的区间划分标准，以脱钩状态$\varepsilon=1$ 作为临界状态，得出如表 16-1 所示的脱钩程度判定标准。

表 16-1 资源环境与经济发展脱钩程度判定标准

脱钩程度	ΔER	ΔGDP/g	ΔER/ΔGDP（a）
绝对脱钩	<0	>0	$a<0$
相对脱钩Ⅰ	>0	>0	$0\leq a<0.25$
相对脱钩Ⅱ	>0	>0	$0.25\leq a<0.5$
相对脱钩Ⅲ	>0	>0	$0.5\leq a<0.75$
相对脱钩Ⅳ	>0	>0	$0.75\leq a<1$
临界状态	>0	>0	$a=1$
耦合	>0	>0	$a>1$

①OECD. Decoupling：A conceptual overview. Paris：OECD，2000：5.

②赵兴国，潘玉君，赵波等. 区域资源环境与经济发展关系的时空分析[J]. 地理科学进展，2011，30（6）：706-714.

利用 2004—2010 年 31 个省份虚拟治理成本的年级变化率与其 GDP 年级变化率，计算各省份近 7 年经济发展与环境排放之间的脱钩关系。从全国层面来看，中国经济发展与环境排放虚拟治理成本之间的脱钩关系呈现波动加强的趋势，中国经济发展与环境排放虚拟治理成本的关系呈现耦合—相对脱钩Ⅱ—相对脱钩Ⅱ—相对脱钩Ⅲ—相对脱钩Ⅱ—相对脱钩Ⅰ。具体从东、中、西三大区域来看，东部地区经济发展与环境排放虚拟治理成本的关系为耦合—相对脱钩Ⅱ—相对脱钩Ⅱ—相对脱钩Ⅱ—相对脱钩Ⅰ—相对脱钩Ⅰ，东部地区经济发展与环境排放虚拟治理成本的脱钩关系呈线性加强关系；中部地区为耦合—相对脱钩Ⅱ—相对脱钩Ⅱ—相对脱钩Ⅲ—耦合—相对脱钩Ⅱ；西部地区为耦合—相对脱钩Ⅱ—相对脱钩Ⅰ—耦合—绝对脱钩—相对脱钩Ⅱ。中西部地区经济发展与环境排放虚拟治理成本的脱钩关系呈波动加强趋势。

从中国区域经济发展与环境排放虚拟治理成本脱钩关系的时空演变趋势来看，中国区域经济发展与环境虚拟治理成本的脱钩趋势在增加，且空间上呈现从西北向东南增加的趋势，2005—2006 年，中国多数省份经济发展与环境污染呈耦合关系，到 2009—2010 年，中国经济发展与环境污染的耦合趋势下降，多数省份已经进入了相对脱钩Ⅱ和相对脱钩Ⅰ的阶段。内蒙古、云南、贵州等省份在 2009—2010 年实现了污染排放与经济发展的绝对脱钩关系。其中，内蒙古、云南和贵州 2009—2010 年受大气污染虚拟治理成本少的影响，导致经济发展与其虚拟治理成本呈现脱钩关系。“十一五”期间，在环境污染减排政策作用下，工业和生活的 SO_2 和 COD 排放虚拟治理成本呈下降趋势，但因农业面源污染 COD 排放量和 NO_x 排放量仍呈增加趋势，且增速较快，导致我国很多省份“十一五”期间，虚拟治理成本仍呈增加趋势。

进一步利用 2004—2010 年 31 个省份环境退化成本的年级变化率与其 GDP 变化率，计算中国经济发展与环境污染质量之间的脱钩关系。从全国层面来看，中国经济发展与环境质量退化的脱钩关系呈现波动“复钩”趋势，2004—2010 年的脱钩关系为相对脱钩Ⅲ—相对脱钩Ⅲ—相对脱钩Ⅲ—耦合—相对脱钩Ⅳ—相对脱钩Ⅲ。从东部、中部、西部三大区域看，东部地区经济发展与环境质量退化的脱钩关系呈波动弱化趋势，表现为相对脱钩Ⅱ—相对脱钩Ⅲ—相对脱钩Ⅲ—耦合—耦合—相对脱钩Ⅳ的脱钩关系。中部地区的经济发展与环境质量退化的脱钩关系呈典型“复钩”特征，为耦合—相对脱钩Ⅱ—相对脱钩Ⅳ—耦合—相对脱钩Ⅳ—耦合的关系。西部地区经济发展与环境质量退化的脱钩关系呈波动加强趋势，为相对脱钩Ⅳ—耦合—相对脱钩Ⅲ—耦合—相对脱钩Ⅲ—相对脱钩Ⅰ。我国西部地广人稀，环境污染排放导致的环境危害比东部地区小，在污染减排政策的作用下，我国区域的环境质量都有所改善，但东部地区城市人口多，且增速快，导致东部地区环境污染损失下降幅度不明显。因此，在污染减排政策的作用下，西部地区经济发展与环境质量退化的脱钩关系强于东部地区。其中，甘肃、青海、宁夏、新疆、广西、内蒙古等省份 2009—2010 年，经济发展与环境质量退化之间呈绝对脱钩关系。

“十一五”期间，在一系列减排政策的作用下，中国经济发展与污染排放之间实现了相对脱钩，而且其脱钩的程度呈上升趋势，但经济发展与环境质量退化的脱钩关系比较脆弱，且年级变化趋势不明显，有的地区经济发展与环境质量退化的关系还由脱钩关系发展到耦合关系，说明减排对环境质量改善的作用还不显著。

16.2 政策建议

16.2.1 推进生态文明建设，构建适合我国国情的区域绿色核算体系

从世界银行核算的世界各国资源环境代价和本项目组近 7 年的核算结果显示，中国已经稳居世界污染大国的位置，污染损失已经占到 GDP 的 3%，资源环境损失（包括污染损失）已经占到 GDP 的 6%～10%。“十一五”期间，中国的污染减排政策取得一定成效，经济发展与污染排放之间的“脱钩”趋势增强，但经济发展与环境质量的“剪刀差”还在拉大，环境治理的历史欠账还在逐年增加，经济成就正在被环境污染和生态破坏逐步蚕食，环境质量改善成为实现全面建设小康社会目标的一个“拦路虎”。

在 7 年的环境经济核算工作中，环境经济核算体系逐步完善，核算方法更加科学，关键技术指标不断校验，宏观层面的物质流核算和微观层面的企业环境核算工作都已纳入环境经济核算体系中。但本项目构建的环境经济核算体系主要还停留在理论方法的研究和宏观层面的结果输出，对环境规划、环境政策制定等环境管理工作的作用甚微。反思原因，在区域层面上，与城市的环境管理工作结合不紧密是导致其“束之高阁”的原因之一。因此，在生态文明建设的重大外力

推动下，环境经济核算体系需把宏观层面的体系方法向以城市为单位的中观核算体系转变，构建适合我国区域特色的城市绿色核算体系，通过试点城市，开展基于经济与环境损害关系的环境规划体系研究，开展基于费用-效益分析的城市环境政策优化和评估研究，开展基于环境经济核算的环境绩效考核体系研究，实现环境经济核算工作在城市环境管理工作中发挥积极作用。

16.2.2　加强环境经济核算应用领域，构建基于环境经济核算的环境绩效指标

党的十八大报告中强调要加强生态文明制度建设，把资源消耗、环境损害、生态效益纳入经济社会发展评价体系，建立体现生态文明要求的目标体系、考核办法、奖惩机制。深化资源性产品价格和税费改革，建立反映市场供求和资源稀缺程度、体现生态价值和代际补偿的资源有偿使用制度和生态补偿制度。加强环境监管，健全生态环境保护责任追究制度和环境损害赔偿制度。环境经济核算项目长期的工作基础为建立体现生态文明要求的目标体系奠定坚实的研究基础。

环境经济核算体系是一个庞大的系统，从行业（39 个工业行业+农业+生活）、区域（31 个省份）、污染介质（大气污染、水污染、固体废物）、宏观、微观等不同角度都进行了核算，具有庞大的数据基础。但因环境经济核算体系把主要的工作重心都放在环境损失的货币化评价这一综合指标中，对相关数据的挖掘不够，没有构成行之有效的指标体系，导致环境经济核算工作“不接地气”，在实际工作中的应用备受限制。因此，在今后的研究工作中，应加强环境经济核算的应用领域，分行业、分区域的构建一系列环境绩效指标体系，如基于环境污染损失可构建分行业和区域的单位 GDP 环境污染强度指标，把这些指标与经济系统联系起来，进行地区经济发展的环境代价预测，从而把环境规划与经济规划有效地结合起来。同时，基于物质流核算可构建地区资源产出率指标和资源循环利用率指标，加强循环经济的指标体系构建。还可基于环境经济核算构建区域和流域污染减排绩效指标和绿色经济指标体系，开展区域环境污染治理费用效益分析，通过环境污染价值量核算衡量各行业和地区的虚拟治理成本，明确各部门和地区的环境污染治理缺口和环保投资需求，进行环境污染历史欠账计算等，深入挖掘环境经济核算结果的政策含义。

16.2.3 加强面源污染控制，促进环境质量改善

根据虚拟治理成本核算结果，目前工业大气污染和城镇生活污水的点源污染实际治理成本投入已经超过其虚拟治理成本，点源污染得到初步控制，环境质量改善的挑战将主要来源于交通、农业和中小重污染企业污染排放等形成的面源污染。面源污染对水体的影响日益凸显，已成为水环境污染的一个重要来源。中国因化肥、农药的过量使用及大量畜禽粪便的排放，加之对农业面源污染排放的监管不足，使得中国农业面源污染的程度和广度都已超过欧美国家，并且愈演愈烈。根据本报告的核算结果显示，农业面源污染 COD 排放量占总 COD 排放量的 35%，是最主要的 COD 排放源。同时，也根据课题组在水专项课题的预测成果，未来我国农业面源污染的排放量仍呈快速增长趋势，因此，控制农业面源污染将是今后 20 年的一项长期而艰巨的任务。

我国当前的环境管理重点应该点源与面源并重，尽早形成面源污染治理思路，全面促进环境质量的好转。建立科学完善的面源污染监测与环境统计核算体系，开展面源污染控制政策体系专项研究，从源头上减少面源污染。根据各地区的面源污染特点和环境特征，制定因地制宜的面源污染减排政策框架和配套制度。制定与面源污染控制相关的法律、法规和技术标准，在重点区域和流域，制定和执行限定性的机动车污染排放与生产技术标准。针对化肥和农药使用及管理问题，建立国家清洁生产的技术规范体系，引导和帮助农民科学施肥、安全用药。推广发展高效的施肥技术，加强农业生态系统中养分循环和优化养分管理，从源头控制农业非点源污染。加强农业生产和农村生活垃圾管理，促进有机废物的循环利用，提高农业废物的无害化处理和资源化率。

16.2.4 加大污染治理投资力度，减少环境污染欠账

“十一五”期间，我国加大了环境保护投资力度，2006—2010 年，环保共投资 21 622.42 亿元，超过了预期投资。其中，2010 年环境污染治理投资总额达 6 654.2 亿元，占同期国内生产总值的 1.67%。但我国环境污染投资欠账仍在不断加大，根据核算结果换算的污染投资欠账数据可知，2005 年我国环境污染治理投资欠账在 7 534.4 亿～10 548.1 亿元，2010 年我国环境污染治理投资欠账上升到 10 963.1 亿～15 348.3 亿元，约为 2010 年污染治理投资总额的两倍。“十一五”

期间，我国大气污染治理投资力度大，成效显著，2010 年大气污染实际治理成本为 2 204.8 亿元，大气污染实际治理成本首次超过了虚拟治理成本。但水环境污染治理力度相对较小，2010 年水环境污染实际治理成本为 1 298.1 亿元，是大气污染实际治理成本的 59%，水环境污染治理投资欠账多，2010 年水环境污染治理投资欠账占全部污染治理投资欠账的 56%。因此，“十二五”期间，我国需要进一步加大对水环境污染治理的投资力度。

在目前的污染治理投资中，企业自筹资金是主要渠道，投资力度的大小和投资积极性依赖于企业所受到的经济—环境压力和环保意识。因此，①需进一步提高监管要求，采用经济鼓励、政策引导和严格监管等措施，提高企业自身的环保意识，加强企业污染治理投资。②国家和地方政府应加大环保投资的财政投入，把环境保护列入各级财政年度预算并逐步增加投入，适时增加同级环境保护能力建设经费安排，改善公共环境质量；加大对中西部地区环境保护的支持力度。围绕推进环境基本公共服务均等化和改善环境质量状况，完善一般性转移支付制度，加大对国家重点生态功能区、中西部地区和民族自治地方环境保护的转移支付力度。③对环境污染企业征收污染税。从经济学角度来看，污染问题的产生主要源于外部性、公共物品属性、产权缺失[①]。外部性的出现导致经济活动过程发生扭曲，经济活动缺乏效率，资源配置无法实现帕累托最优。要实现环境污染外部性内部化，就应向造成污染的厂商征收数额相当于治理污染所需费用的税金，来改变污染者的边际成本函数，提高全社会整体资源配置效率。我国现在环境污染税征收不能实现环境污染外部性内部化转化。目前，污染企业缴纳的超标排污费只相当于污染治理费用的 10%～15%[②]，远远低于正常的治污费用。环境污染税征收的一个困难就是如何对环境污染的外部性进行货币化评价，全国环境污染损失核算结果，可为征收环境污染税的研究奠定一定基础。

16.2.5 重视欠发达资源富集区的可持续发展，转变其经济增长方式

核算结果表明，生态环境退化成本占 GDP 的比例与人均 GDP 之间呈现一个负指数关系，显示出经济发展越是落后的地区，经济发展

①林建华. 基于外部性理论的西部生态环境建设的基本思路[J]. 西北大学学报（哲学社会科学版），2006，36（4）：42-46.

②赵红梅，孙米强.长江三角洲环境污染治理的博弈分析[J]. 环境与可持续发展，2006（5）：36-37.

的生态成本越大。我国欠发达地区无论是农业的投入产出效益，还是工业的投入产出效益，都表明其经济发展的生态环境代价相对较高。根据国家统计局 2010 年公布的《2009 年各省、自治区、直辖市单位 GDP 能耗等指标公报》，越是经济发达的地区，其单位能源消费所创造的产值也越高，而经济落后地区则相反。单位 GDP 能耗最高的是宁夏，为 3.45 t（标煤）/万元，青海 2.69 t（标煤）/万元，山西 2.36 t（标煤）/万元，贵州 2.35 t（标煤）/万元，内蒙古 2.01 t（标煤）/万元，新疆 1.93 t（标煤）/万元，甘肃 1.86 t（标煤）/万元，都是资源富集欠发达地区，可持续发展能力都很弱。万元 GDP 能耗最低的省份是北京 0.6 t（标煤）/万元，广东 0.68 t（标煤）/万元，上海 0.73 t（标煤）/万元，浙江 0.74 t（标煤）/万元，江苏 0.76 t（标煤）/万元，福建 0.81 t（标煤）/万元，天津 0.84 t（标煤）/万元，均为我国经济发达地区。

欠发达资源富集区资源丰富，在主体功能区划中，欠发达资源富集区中很多地区都进入了重点开发区，如滇中地区、关中—天水地区、藏中南地区、兰州—西宁地区、宁夏沿黄经济区和天山北坡地区、黔中地区等。但这些地区经济发展水平较低，资源利用效率低，经济发展的资源环境代价大，亟须在科学发展观的指导下，改变这些地区高资源消耗、高生态环境成本的经济发展方式。资源富集欠发达地区应从调整产业结构和转变经济增长方式入手，整合资源优势，加快淘汰落后的工业生产技术和工艺，提高关键技术和重大装备制造水平，加大资源环境治理投资，将资源使用效率和环境评价作为产业发展政策的重要量化指标。关闭小火电、小煤窑、小钢铁、小化肥、小造纸五小企业，大力开展资源的清洁利用和生产。同时，把矿产资源开发导致的环境污染外部成本，转化成企业生产经营成本，让价格真实反映要素的稀缺程度，促进节能减排和结构调整的价格机制和价格体系的形成。

16.2.6 建立生态补偿机制，加强西部地区的生态建设

由核算结果可知，我国生态破坏损失主要位于西部地区。从生态破坏损失占 GDP 比重来看，西藏为 86.7%、青海 35.2%、甘肃 4.6%、内蒙古 3.9%、新疆 2.8%、广西 1.7%、贵州 1.5%、宁夏 1.4%，比重高的省份基本都位于西部地区。国家投入了大量的资金来改善这些地区的生态环境，但生态反弹现象严重。2010 年，水土流失增加面积占治理减少面积的比重，宁夏为 207.6%、河南 111%、陕西 103.3%、

甘肃 27.6%、贵州 26.2%。这些省份位于我国生态脆弱带上，生态反弹除受自然条件影响外，因人口超载带来的过牧、过垦、滥砍、滥伐等人为破坏是造成反弹的重要原因。要解决西部生态环境问题，降低生态损失，防止其生态反弹，进行生态移民应是解决此问题的关键。国家应制定一些移民优惠政策，将移民补贴根据情况再提高一些，解决移民搬迁、盖房和部分生产资料的购置费用；银行对移民应进行无息或低息贷款。

西部是中国的生态屏障，承担着为全国提供生态服务的任务。生态环境具有公共物品的性质，西部生态环境对东部地区具有正的外部效益。西部作为上游，为保护生态环境，存在着生态建设与地方经济、生态建设与农民生活、生态建设和投资需求的矛盾，不仅经济上产生了损失，而且产生了大量的生态移民。

为了公平和效率，国家应从全国可持续发展战略全局出发，重新审视和调整中国东部和西部、富裕地区和贫穷地区之间的生态—经济关系，建立生态保护区（西部）与生态受益区（东部）的生态补偿机制。对生态受益区的生态环境受益部分进行货币计量，使受益方对实际受益进行支付，从东部地区的 GDP 中拿出一定的比例用于西部地区的发展援助，从资金上支持和保证西部地区经济结构和生产方式的转变，减缓西部地区因贫困和生存压力而破坏生态环境的活动，为西部居民提供更多的生存和发展机会。

附录 1　2005—2010 年核算结果比较

项目			2005	2006	2007	2008	2009	2010
实物量核算	水	废水/亿 t	651.30	723.90	769.20	807.20	847.90	873.20
		COD/万 t	2 195.00	2 345.00	2 223.00	2 881.00	2 847.00	3 021.00
		氨氮/万 t	242.50	248.30	241.70	211.50	208.60	216.40
	大气	SO_2/万 t	2 568.50	2 680.60	2 434.30	2 323.50	2 148.20	2 090.80
		烟尘/万 t	1 182.50	1 088.80	986.60	901.60	847.80	829.20
		工业粉尘/万 t	911.20	808.40	698.70	584.90	523.60	448.70
		NO_x/万 t	1 937.10	2 173.20	2 374.60	2 494.10	2 631.00	2 796.10
	固体废物	一般工业固体废物/万 t	27 108.20	23 414.30	25 024.90	22 182.70	21 133.20	24 250.40
		危险废物/万 t	337.90	286.80	154.01	196.21	218.91	167.81
		生活垃圾/万 t	6 029.60	7 896.10	6 927.40	6 116.80	6 300.40	7 173.40
治理成本	实际治理成本	废水/亿元	400.70	562.00	653.70	784.50	1 083.20	1 298.10
		废气/亿元	835.00	1 046.20	1 369.70	1 775.90	1 923.70	2 204.80
		固体废物/亿元	217.30	195.10	281.90	340.80	330.50	414.70
		合计/亿元	1 453.00	1 803.40	2 305.30	2 901.20	3 337.40	3 917.50
	虚拟治理成本	废水/亿元	2 084.00	2 143.80	2 121.10	2 672.60	2 993.80	3 490.10
		废气/亿元	1 610.90	1 821.50	2 104.80	2 227.70	2 343.30	1 952.90
		固体废物/亿元	148.70	147.30	129.80	142.90	133.80	146.30
		合计/亿元	3 843.70	4 112.60	4 355.60	5 043.10	5 470.80	5 589.30
环境退化成本		水/亿元	2 836.00	3 387.00	3 595.10	4 105.00	4 310.90	4 620.40
		废气/亿元	2 869.00	3 051.00	3 616.70	4 725.60	5 197.60	6 183.40
		固体废物/亿元	29.60	29.60	65.10	63.60	136.60	168.00
		污染事故/亿元	53.40	40.20	57.20	53.30	56.00	61.00
		合计/亿元	5 787.90	6 507.70	7 334.10	8 947.60	9 701.10	11 032.80
国内生产总值		行业合计/亿元	183 085.00	210 871.00	249 530.00	300 670.00	364 016.00	401 202.00
		地区合计/亿元	197 789.00	231 053.00	275 625.00	327 220.00	365 303.00	437 042.00
污染扣减指数		行业合计/%	2.10	2.00	1.70	1.70	1.50	1.39
		地区合计/%	1.94	1.78	1.58	1.54	1.50	1.28
环境退化指数/%			2.93	2.82	2.66	2.73	2.66	2.52
生态破坏损失/亿元			—	—	—	3 798.20	4 215.10	4 481.00
生态环境退化成本/亿元			—	—	—	12 745.70	13 916.20	15 513.80
生态环境退化指数/%			—	—	—	3.90	3.80	3.50

注:（1）本表实物量核算除一般工业固体废物和危险废物指贮存量和排放量之和外，其他均指排放量;（2）由于 2005 年核算范围和核算基数有变化，本表 NO_x 和生活垃圾 2005 年核算结果与 2004 年不可比;（3）表中治理成本、环境退化成本、国内生产总值采用当年价格;（4）2005 年核算范围、基数和口径与 2004 年相比有所变化，本表 2005 年和 2006 年分项治理成本和环境退化成本与 2004 年不可比；2006 年种植业废水核算方法有所变化，2007 年农村生活废水与污染物排放量的核算方法有调整，2009 年固体废物环境退化成本核算方法又调整，核算结果不可比。

附录 2　2009 年各地区核算结果

省（市、区）		地区生产总值/亿元	虚拟治理成本/亿元	污染扣减指数/%	环境退化成本/亿元	环境退化指数/%	生态环境退化成本/亿元	生态环境退化指数/%
东部	北 京	12 153.03	41.50	0.30	288.40	2.37	293.60	2.42
	天 津	7 521.85	43.80	0.60	187.00	2.49	194.40	2.58
	河 北	17 235.48	334.50	1.90	800.20	4.64	895.10	5.19
	辽 宁	15 212.49	234.10	1.50	373.10	2.45	470.30	3.09
	上 海	15 046.45	59.00	0.40	397.70	2.64	403.90	2.68
	江 苏	34 457.30	291.60	0.80	738.20	2.14	805.40	2.34
	浙 江	22 990.35	189.90	0.80	503.10	2.19	584.80	2.54
	福 建	12 236.53	118.20	1.00	195.80	1.60	212.10	1.73
	山 东	33 896.65	469.60	1.40	753.90	2.22	887.80	2.62
	广 东	39 482.56	289.20	0.70	727.20	1.84	847.90	2.15
	海 南	1 654.21	23.80	1.40	21.20	1.28	30.10	1.82
	小 计	211 886.90	2 095.20	0.99	4 985.80	2.35	5 625.40	2.65
	占全国比例/%	58.00	38.30	—	51.40	—	40.57	—
中部	山 西	7 358.31	187.80	2.60	331.10	4.50	569.10	7.73
	吉 林	7 278.75	163.70	2.20	197.50	2.71	279.20	3.84
	黑龙江	8 587.00	197.20	2.30	305.20	3.55	730.20	8.50
	安 徽	10 062.82	179.50	1.80	237.60	2.36	268.80	2.67
	江 西	7 655.18	138.80	1.80	222.00	2.90	253.40	3.31
	河 南	19 480.46	384.50	2.00	557.80	2.86	702.60	3.61
	湖 北	12 961.10	211.90	1.60	199.60	1.54	362.20	2.79
	湖 南	13 059.69	277.20	2.10	321.20	2.46	469.90	3.60
	小 计	86 443.31	1 740.60	2.01	2 372.00	2.74	3 635.50	4.21
	占全国比例/%	23.66	31.80	—	24.50	—	26.22	—
西部	内蒙古	9 740.25	200.40	2.10	436.40	4.48	868.80	8.92
	广 西	7 759.16	270.50	3.50	226.80	2.92	385.50	4.97
	重 庆	6 530.01	100.60	1.50	172.20	2.64	177.70	2.72
	四 川	14 151.28	307.10	2.20	377.80	2.67	590.30	4.17
	贵 州	3 912.68	84.70	2.20	111.80	2.86	178.00	4.55
	云 南	6 169.75	144.10	2.30	135.40	2.19	269.40	4.37
	西 藏	441.36	23.60	5.40	8.90	2.01	426.40	96.62
	陕 西	8 169.80	163.00	2.00	273.30	3.35	362.00	4.43
	甘 肃	3 387.56	87.00	2.60	160.40	4.73	339.90	10.03
	青 海	1 081.27	60.80	5.60	80.30	7.43	528.40	48.87
	宁 夏	1 353.31	63.60	4.70	132.60	9.80	155.60	11.50
	新 疆	4 277.05	129.60	3.00	175.80	4.11	321.50	7.52
	小 计	66 973.48	1 635.00	2.40	2 291.60	3.42	4 603.60	6.87
	占全国比例/%	18.33	29.90	—	24.10	—	33.20	—
全国		275 624.60	5 470.80	1.50	9 701.10	2.66	13 864.50	3.80

注：渔业事故经济损失没有分地区数据，因此，全国合计数大于各地区加和数。

附录 3　2010 年各地区核算结果

省（市、区）		地区生产总值/亿元	虚拟治理成本/亿元	污染扣减指数/%	环境退化成本/亿元	环境退化指数/%	生态破坏损失/亿元	生态破坏指数/%	生态环境退化成本/亿元	生态环境退化指数/%
东部	北京	14 113.60	49.80	0.40	328.80	2.33	5.40	0.04	334.20	2.37
	天津	9 224.50	49.30	0.50	218.40	2.37	7.70	0.08	226.10	2.45
	河北	20 394.30	378.80	1.90	1 103.60	5.41	99.00	0.49	1 202.60	5.90
	辽宁	18 457.30	236.10	1.30	404.20	2.19	101.00	0.55	505.20	2.74
	上海	17 165.90	58.00	0.30	412.20	2.40	6.40	0.04	418.70	2.44
	江苏	41 425.50	293.90	0.70	971.80	2.35	69.50	0.16	1 041.20	2.51
	浙江	27 722.30	195.80	0.70	600.80	2.17	84.80	0.30	685.60	2.47
	福建	14 737.10	120.80	0.80	226.90	1.54	17.00	0.11	243.90	1.65
	山东	39 169.90	437.90	1.10	771.10	1.97	138.80	0.35	909.90	2.32
	广东	46 013.10	287.80	0.60	776.60	1.69	125.30	0.27	901.90	1.96
	海南	2 064.50	25.00	1.20	24.00	1.16	9.30	0.45	33.30	1.61
	小计	250 487.90	2 133.20	0.85	5 838.30	2.33	664.20	0.27	6 502.50	2.60
	占全国比例/%	57.31	38.20	—	52.90	—	15.00	—	41.90	—
中部	山西	9 200.90	178.70	1.90	326.60	3.55	247.20	2.69	573.80	6.24
	吉林	8 667.60	164.00	1.90	312.10	3.60	85.30	0.98	397.40	4.58
	黑龙江	10 368.60	204.80	2.00	287.80	2.78	444.10	4.28	731.90	7.06
	安徽	12 359.30	172.20	1.40	273.50	2.21	32.40	0.26	305.90	2.47
	江西	9 451.30	146.40	1.50	172.10	1.82	32.60	0.35	204.70	2.17
	河南	23 092.40	356.30	1.50	818.50	3.54	150.60	0.66	969.00	4.20
	湖北	15 967.60	220.30	1.40	280.10	1.75	169.30	1.06	449.40	2.81
	湖南	16 037.90	276.40	1.70	467.90	2.92	154.20	0.96	622.20	3.88
	小计	105 145.60	1 719.10	1.63	2 938.60	2.79	1 315.70	1.26	4 254.30	4.05
	占全国比例/%	24.10	30.80	—	26.60	—	29.80	—	27.40	—
西部	内蒙古	9 569.90	185.30	1.90	267.30	2.29	456.60	5.27	723.90	7.56
	广西	11 672.00	294.90	2.50	177.10	1.85	165.10	1.08	342.30	2.93
	重庆	7 925.60	160.90	2.00	192.00	2.42	5.70	0.070	197.70	2.49
	四川	17 185.50	327.60	1.90	377.70	2.20	224.10	1.30	601.80	3.50
	贵州	4 602.20	81.10	1.80	178.10	3.87	68.90	1.50	247.00	5.37
	云南	7 224.20	138.00	1.90	178.90	2.48	139.80	1.93	318.70	4.41
	西藏	507.50	25.20	5.00	34.90	6.88	440.30	86.77	475.20	93.65
	陕西	10 123.50	146.70	1.40	380.40	3.76	93.10	0.92	473.60	4.68
	甘肃	4 120.80	82.60	2.00	122.70	2.98	189.20	4.59	311.90	7.57
	青海	1 350.40	65.40	4.80	46.20	3.42	475.70	35.23	521.90	38.65
	宁夏	1 689.70	69.20	4.10	114.50	6.78	24.20	1.43	138.70	8.21
	新疆	5 437.50	160.20	2.90	125.20	2.30	154.90	2.85	280.10	5.15
	小计	81 408.50	1 737.00	2.10	2 195.10	2.70	2 437.60	2.99	4 632.70	5.69
	占全国比例/%	18.60	31.10	—	19.90	—	55.20	—	29.90	—
全国		437 042.00	5 589.30	1.28	11 032.80	2.52	4 417.40	456.60	15 513.80	3.50

注：渔业事故经济损失没有分地区数据，因此，全国合计数大于各地区加和数。

附录 4　术语解释

1．实物量核算

就环境主题来说，绿色国民经济核算包含两个层次：一是实物量核算；二是价值量核算。所谓实物量核算，是在国民经济核算框架基础上，运用实物单位（物理量单位）建立不同层次的实物量账户，描述与经济活动对应的各类污染物的产生量、去除量（处理量）、排放量等。

2．价值量核算

价值量核算是在实物量核算的基础上，估算各种环境污染和生态破坏造成的货币价值损失。环境污染价值量核算包括污染物虚拟治理成本和环境退化成本核算，分别采用治理成本法和污染损失法。主要包括以下方面：各地区的水污染、大气污染、工业固体废物污染、城市生活垃圾污染和污染事故经济损失核算；各部门的水污染、大气污染、工业固体废物污染和污染事故经济损失核算。

3．治理成本法

污染治理成本法与污染损失法是计算环境价值量的两种方法。在SEEA 框架中，治理成本法主要是指基于成本的估价方法，从“防护”的角度，计算为避免环境污染所支付的成本。污染治理成本法核算虚拟治理成本的思路相对简单，即如果所有污染物都得到治理，则环境退化不会发生，因此，已经发生的环境退化的经济价值应为治理所有污染物所需的成本。污染治理成本法的特点在于其价值核算过程的简洁、容易理解和较强的实际可操作性。污染治理成本法核算的环境价值包括两部分：一是环境污染实际治理成本；二是环境污染虚拟治理成本。

4．污染损失法

在 SEEA 框架中，污染损失法是指基于损害的环境价值评估方法。这种方法借助一定的技术手段和污染损失调查，计算环境污染所带来的种种损害，如对农产品产量和人体健康等的影响，采用一定的定价技术，进行污染经济损失评估。目前定价方法主要有人力资本法、旅行费用法、支付意愿法等。与治理成本法相比，基于损害的估价方法（污染损失法）更具合理性，体现了污染的危害性。

5．实际治理成本

污染实际治理成本是指目前已经发生的治理成本，包括污染治理过程中的固定资产折旧、药剂费、人工费、电费等运行费用。

6．虚拟治理成本

虚拟治理成本是指目前排放到环境中的污染物按照现行的治理技术和水平全部治理所需要的支出。虚拟治理成本不同于环境污染治理投资，是当年环境保护支出（运行费用）的概念，可以从 GDP 中扣减，采用治理成本法计算获得。

7．环境退化成本

通过污染损失法核算的环境退化价值称为环境退化成本，它是指在目前的治理水平下，生产和消费过程中所排放的污染物对环境功能、人体健康、作物产量等造成的种种损害。环境退化成本又被称为污染损失成本。

8．绿色国民经济核算

绿色国民经济核算，通常所说的绿色 GDP 核算，包括资源核算和环境核算，旨在以原有国民经济核算体系为基础，将资源环境因素纳入其中，通过核算描述资源环境与经济之间的关系，提供系统的核算数据，为可持续发展的分析、决策和评价提供依据。

9．绿色国民经济核算体系/资源环境经济核算体系/综合环境经济核算体系

绿色国民经济核算体系，又称资源环境经济核算体系、综合环境经济核算体系，是关于绿色国民经济核算的一整套理论方法。为了把环境因素并入经济分析，联合国在 SNA-1993 中心框架基础上建立了综合环境经济核算体系（Integrated Environmental and Economic Accounting，SEEA）作为 SNA 的附属账户（又称卫星账户），1993 年公布了 SEEA 临时版本，2000 年公布了 SEEA 操作手册，目前 SEEA-2003 版本也已正式公布。随后，UNSD 相继发布了 SEEA-2008

和 SEEA-2012 版本。

10．环境污染核算

环境污染核算是绿色国民经济核算的一部分。绿色国民经济核算包括自然资源核算与环境核算，其中环境核算又包括环境污染核算和生态破坏核算。环境污染核算，主要包括废水、废气和固体废物污染的实物量核算与价值量核算。

11．经环境调整的 GDP 核算

经环境调整的 GDP 核算，就是把经济活动的环境成本，包括环境退化成本和生态破坏成本从 GDP 中予以扣除，并进行调整，从而得出一组以“经环境调整的国内产出”（Environmentally Adjusted Domestic Product，EDP）为中心指标的核算。

12．绿色 GDP

联合国统计署正式出版的《综合环境经济核算手册（SEEA）》首次正式提出了“绿色 GDP”的概念。在理论上，绿色 GDP=GDP–固定资产折旧–资源环境成本=NDP–资源环境成本，其中 NDP 是国内生产净值。在本研究中，考虑到在实际应用方面，GDP 远比 NDP 更为普及，因此采用了绿色 GDP 与 GDP 相对应的总值概念，即绿色 GDP=GDP–环境成本–资源消耗成本。简单地说，绿色 GDP 就是传统 GDP 扣减资源消耗成本和环境损失成本调整后的 GDP。

致 谢

本报告由环境保护部环境规划院牵头完成，由《中国环境经济核算研究报告 2009》和《中国环境经济核算研究报告 2010》组合而成。相关数据主要由中国环境监测总站和国家统计局提供，《中国绿色国民经济核算体系》研究单位还包括清华大学环境学院、中国人民大学和环境保护部环境与经济政策研究中心。

感谢中国科学院牛文元教授、环境保护部金鉴明院士、世界银行高级环境专家谢剑博士、世界银行驻中国代表处 Andres Liebenthal 主任、联合国环境署盛馥来博士、北京大学雷明教授、挪威经济研究中心（ECON）Hakkon Vennemo 研究员、美国哥伦比亚大学 Perter Bartelmus 教授、加拿大阿尔伯塔大学 Mark Anielski 教授、意大利 FEEM 研究中心 Giorgio Vicini 研究员等专家对中国绿色国民经济核算方法体系提出的真知灼见。

感谢全国人大环境与资源保护委员会、全国政协人口资源环境委员会、环境保护部对外环境保护经济合作中心、国家统计局工业交通统计司、国家统计局社会科技统计司、水利部水利水电规划设计总院、卫生部疾病预防控制中心等单位对中国环境经济核算研究提供的帮助；感谢财政部、科技部和世界银行意大利信托资金对中国绿色国民经济核算研究给予的资金和项目支持。

感谢对中国绿色国民经济核算研究曾经给予关心、指导和帮助的所有人！